新农村建设丛书

水稻生产高效栽培技术

赵国臣　主编

U0248539

吉林出版集团股份有限公司

吉林科学技术出版社

图书在版编目（CIP）数据

水稻生产高效栽培技术/赵国臣编.
—长春：吉林出版集团股份有限公司，2007.12
（新农村建设丛书）
ISBN 978-7-80762-056-3

Ⅰ．水…　Ⅱ．赵…　Ⅲ．水稻－栽培　Ⅳ．S511

中国版本图书馆 CIP 数据核字（2007）第 187236 号

水稻生产高效栽培技术

SHUIDAO SHENGCHAN GAOXIAO ZAIPEI JISHU

主编　赵国臣

责任编辑　李　娇

出版发行　吉林出版集团股份有限公司　吉林科学技术出版社
印刷　三河市祥宏印务有限公司
2007 年 12 月第 1 版　　　　2018 年 10 月第 15 次印刷
开本　850×1168mm　1/32　　印张　3.5　字数　91 千
ISBN 978-7-80762-056-3　　　定价　15.00 元
社址　长春市人民大街 4646 号　　邮编　130021
电话　0431－85661172　　　传真　0431－85618721
电子邮箱　xnc408@163.com

《新农村建设丛书》编委会

水稻生产高效栽培技术

主　编　赵国臣

编　者　全成哲　刘　亮　刘如财　孙继国
　　　　侯立刚　赵叶明　赵国臣　郭丹丽
　　　　隋鹏举

出版说明

　　《新农村建设丛书》是一套针对"农家书屋""阳光工程""春风工程"专门编写的丛书，是吉林出版集团组织多家科研院所及千余位农业专家和涉农学科学者倾力打造的精品工程。

　　丛书内容编写突出科学性、实用性和通俗性，开本、装帧、定价强调适合农村特点，做到让农民买得起，看得懂，用得上。希望本书能够成为一套社会主义新农村建设的指导用书，成为一套指导农民增产增收、脱贫致富、提高自身文化素质、更新观念的学习资料，成为农民的良师益友。

目　　录

第一章　水稻生产现状与发展趋势

第一节　水稻生产的现状

一、水稻栽培种的起源与分类

水稻栽培种起源于野生稻，野生稻之一的普通野生稻则是普通栽培稻的祖先。我国不仅是世界稻作起源地之一，而且也是世界稻种资源最丰富的国家之一。对栽培稻的分类，世界上有多种划分的方法，譬如较流行的划分法之一是将它分为籼型(也称印度型)、粳型(也称日本型)与爪哇型。而我国则着重从4个方面划分：主要分为籼稻与粳稻两大类(也称亚种)；因栽培成熟期迟早的不同而分为早、中季稻与晚稻；因需水情况的不同而分为水稻与陆稻；因米质黏(非糯，糯)的不同而分为黏稻与糯稻。就全国范围而论，我国南方(除太湖、浙北)一带，多种籼稻；北方多种粳稻；而长江、黄河之间则是籼粳稻交错种植地带。就海拔而言，高海拔区种粳稻，低海拔区种籼稻。从分布特点可见，粳稻适于温度较低的条件。籼稻从普通野生稻驯化而来，并衍生出粳稻。华南与长江流域水稻生长季节甚长，不同茬口季节的气象条件有较大差异，因而形成了早、中、晚季稻，是地理分布、季节与生态条件的关系。一般早、中稻品种对日长的反应弱，晚稻品种对日长的反应强。因而早、中稻品种可以作为晚稻栽培，而晚稻因需要有晚秋时节的短日照条件才能抽穗，故不能作为早、中稻栽培。这一点对跨区调种、引种，对季节间应用品种的调剂有重要的指导意义。与水稻相比，陆稻(俗称旱稻、旱粳子)种植面积非常小，而且地域分布十分狭窄，大多局限于雨量充沛而灌溉条件差的坡地，在北京低温易涝地也有零星种植。在我国，大多以黏稻为主粮，仅在云南少数民族的个别地区以糯稻作为主粮，糯米主要做糕点或酿酒之用。

除上述基本分类法之外，有的学者还单独分出一类光身稻。杂交水稻问世后，我国普遍将水稻分为杂交稻、常规稻两类。在品种归类中还有根据某些特点，如抗性、株形、米质等方面加以分类的，这在品种应用时具有实用价值。

二、水稻生产在国民经济中的地位

民以食为天。在我国的粮食生产中，水稻具有举足轻重的地位。据统计，2002 年我国水稻种植面积为 2843 万公顷，占粮食作物总面积的 27.2%；稻谷总产量达到 1.757 亿吨，占粮食总产量的 39.2%。平均 667 平方米产量为 413.3 千克，比世界平均产量高 38.3%，在主要产稻国家中名列前茅，稻谷总产量占世界稻谷总产量的 32.25%，为世界第一。在增产粮食、养育我国 13 亿人口的伟大事业中，水稻仍将为谷中之秀。水稻在我国之所以这样重要，主要是由以下特点决定的。

（一）分布广，适应性强

水稻在我国的分布极广，南自海南省崖县，北至黑龙江省的漠河地区，东至台湾省，西至新疆维吾尔自治区，均有水稻种植。在有一定水源的条件下，不论酸性、碱性、盐碱地或排水不良的低洼沼泽地带以及其他作物不能全面适应的土壤，一般都可栽种水稻，或以水稻作为先锋作物。

（二）生产潜力大，营养价值高

在我国的主要粮食作物中，水稻的平均单产最高，在世界产稻大国中，我国处于先进行列。目前我国高产水平：一季稻为 500～750 千克/667 米^2，最高达 1075.4 千克/667 米^2（云南永胜县，籼稻）和 1048 千克/667 米^2（云南大理，粳稻）；双季稻 1000～1250 千克/667 米^2。实际生产平均水平：一季稻 200～450 千克/667 米^2；双季稻 400～600 千克/667 米^2，仅达高产水稻的

50%。因此，提高水稻单产水平，大有潜力可挖。稻米也是人们喜爱的细粮，营养价值高，食用品质好，一般精白米淀粉含量为76%～79%，蛋白质6.5%～7.8%，脂肪0.2%～1.1%，粗纤维0.22～0.4%。其蛋白质的生物价(吸收蛋白质构成人体蛋白质)较高，淀粉颗粒小，粉质细，食味好，易消化、吸收。

(三)副产品用途广

稻谷加工后的副产品用途广泛。米糠，在食品方面，可用于调制上等食料和调料，如味精、酱油等；加入面粉可制成各种食物，如面包、油饼等；在制药业方面，可从米糠中提取维生素B_1、维生素B_2和维生素E；在化工方面，利用米糠中的糠油作为石碱、化妆品、火药及肥皂的原料，也可食用。稻壳，在农业上可做肥料和土地改良剂；在工业上可制装饰板、隔音板等建筑材料，也可酿酒、制药等。稻草，在农业上广泛地用做家畜粗饲料和有机肥；在工业上是造纸、人造纤维等的上等原料，还可以用于编织草绳、草袋等。

第二节　水稻生产的发展趋势

一、水稻育秧技术的发展趋势

(一)水育秧

水育秧是我国的传统育秧方式。利用水层防除秧田杂草和调节水、肥、气、热、盐分的变化，来满足秧苗生长的需要。但由于长时间灌水，土壤氧气不足，还原物质硫化氢毒害根系，遇到低温冷害易引起烂秧。

(二)湿润育秧

湿润育秧也叫半旱育秧，是20世纪60年代中在水育秧的基础上加以改进后的一种较好的露地育秧方法。主要特点是：深沟高畦面，沟内有水，畦面湿润，水汽协调，适应种子发芽、幼苗生长的生理特性，对防止烂种、培育壮苗效果良好。

（三）地膜保温育秧

保温育秧是 20 世纪 60 年代创造的，是在湿润育秧的基础上，畦面上加盖 1 层地膜，以提高和保持畦面温度和湿度的一种育秧方式，对防止烂种烂秧有一定效果。一般膜内温度比露地秧田高 4℃～6℃，可以提早 10～15 天播种。阴天多雨、气温低时，有明显的增温保湿效果，而且能防止土壤返盐。所以种子发芽快，幼苗生长正常。盖膜后，含氧量和光强略有减少，但光质没有变化，并不影响幼苗正常生长，可以育出壮秧。覆盖方式种类很多，有拱形和平铺。拱形又单膜封闭式和双膜开闭式两种，拱形比平铺保温效果好且安全，但成本高。开闭式的比全封式有利通风炼苗。地膜的秧田管理主要是控制温度和炼苗，温度前高后低。

（四）旱育秧

旱育秧是在旱地条件下育苗，苗期不建立水层，主要依靠土壤底墒和浇水来培育健壮秧苗的种育秧方式。早在 20 世纪 50 至 60 年代，一些省份已有应用，近年来全国各地又有新的发展。尽管各地做法不一，但基本技术环节相同。

（五）场地小苗育秧

小苗育秧一般是指培育 3 叶期内移栽的秧苗。适龄小苗为 1.5～2.2 叶龄，胚乳残存率为 8.3％～47.2％，小苗带土、带肥、带药、带胚乳移栽，成活率高，这是小苗移栽的优势。

（六）工厂化盘土育秧与简易规格化育秧

工厂化盘土育秧与简易规格化育秧的方式和技术规程基本一致，所不同的是有无厂房。工厂化盘土育秧要有机器设备，机播后要送入蒸气出芽室，出芽后运到秧田，把衬套从盘里脱出，秧盘可供给下批播种使用，衬套摆在秧田中，进行绿化期、壮苗期管理，成苗后可以放入插秧机秧箱上进行机插秧。简易规格化育秧是把衬套直接放在秧畦上或用有孔底膜铺在畦面上，在上面铺 2 厘米厚床土，然后给床土喷肥药混合液进行施肥和消毒，浇足齐苗水，直接出芽，绿化成苗，成苗后有孔底膜要用专用刀具切成30厘米或23厘米宽的苗片，放大秧箱可用机插秧。

二、直播稻的发展趋势

水稻栽培本来是从直播开始的，后因直播缺苗多，草害重，产量低而不稳等问题，才逐步被育苗移栽所代替。但我国的黑龙江、新疆、宁夏、内蒙古等气候寒冷、稻生长期短、人少地多的地区，一直以直播栽培为主。近年来，华北地区由于水资源的日益缺乏，水稻旱直播面积又有进一步的扩大。在我国南方稻区也有少量直播栽培。直播在许多产稻国家，占有重要地位，如欧洲、拉丁美洲以及美国、澳大利亚等国家一向都采用直播；东南亚国家直播栽培也占有重要地位。水稻直播栽培，根据整地与播种时的土壤水分状况、以及播种前后的灌溉方法，可分为水田直播、旱田直播、水稻旱种三大类型。

（一）水田直播

水田直播（简称水直播）是在稻田灌水整地后，田面保持浅水层直接播种水稻的一种栽培方法。水整地田面容易平整，有利于播种保苗、控制杂草和减少底土渗漏。但在扎根立苗阶段如排水晾田不及时，或遇阴雨天气，容易烂秧缺苗。水田直播，根据播种时土壤水分状况的不同，又可分为浅水直播和湿润直播。浅水直播是灌好浅水层后再播种，操作方便，但现尚缺乏高效的浅水直播机，若用飞机撒播，工效高，质量好；湿润直播是在播种前先排水，待土沉实后，在湿润条件下用动力播种机进行条播或点播，待种子附着田面而不易被水冲动时，再灌水保持浅水层。

（二）旱田直播

旱田直播（简称旱直播）是在旱田状态下整地与播种，稻种播入1～2厘米的浅土层内，播种后再灌水，待稻种发芽、发根后，再排水落干，促进扎根立苗。旱田直播整地、播种作业不受灌溉水的限制，可以提高机械作业效率，提早作业，不违农时。但田面不易平整、杂草多、成苗率低、土壤渗漏量大，在灌水初期不易建立稳定的水层。

（三）水稻旱种

水稻旱种是旱田直播的一种类型，是将种子直接播于旱田里的一种栽培方式。播种较深，播后不灌水，一般靠底墒发芽、扎根、出苗。出苗后，经过一个旱长阶段再开始灌水（简称旱种）。其优点是：灌溉水用量少，整地、播种基本不用水；一般在 4 叶期后开始灌水，根系发达，耐旱抗旱旱强；出苗成苗率高，扎根深，不易倒伏。但整地费工，土壤渗漏量大，田间杂草多。水稻旱种技术，是在华北地区水稻旱直播、苗期长基础上发展起来的，20 世纪 70 年代中期，水稻旱种在华北试验成功。1985 年，我国北方地区水稻旱种面积 3 年累计近 30 万公顷。由于筛选了一批适宜旱种的水稻品种，同时旱种技术得到进一步发展，培育了一批陆稻良种，解决了发展水稻与水资源短缺的矛盾，在北方地区有着一定的发展前途。

三、施肥技术的发展趋势

随着稻作栽培技术的发展，稻田施用化肥的数量也迅速增多。广大科技工作者，在全国土壤普查的基础上，逐渐弄清了土壤肥力和缺素情况，围绕提高稻田肥料的利用率，研究和总结了一系列新的施肥体系和施肥方法，如配方施肥法、推荐施肥法、测土施肥法等，提高了施肥的科学性。在具体施肥方法上，创造了蘸秧、根塞、根施、球肥深施、全层深施、液肥深施和以水带氮等方法，并相应地改进了施肥工具，大大提高了肥料的利用率。

四、低产稻田改良的发展趋势

我国各种类型的低产稻田面积有 667 万多公顷，而低产田的 667 平方米产量一般不及稻田平均 667 平方米产量的 1/2。因此，改良低产田的工作大有可为。新中国成立以来，大批科技工作者，长期从事稻田低产田的改良研究，研究出了一系列的改良办法和与之配套的高产栽培技术，如增施有机肥料；多犁、多耙；

开挖田内排水渠道；降低稻田地下水位等。同时，也研究出了一系列的适合低产田实现高产栽培的新技术。

五、旱稻育种的发展趋势

我国陆稻穗系育种工作开展较早，1930 年中山大学育成"坡雷 2 号"。新中国建立后主要从农家品种收集整理中，评选出一批陆稻品种，如东北的"白芒稻""伴甸白""安东陆稻"，华北的"抚宁旱稻"，海南的"崖县黑壳粳"等。1958 年四川农学院育成"跃进 3 号"，1959 年台湾省育成"南陆 1 号"。20 世纪 80 年代，云南、贵州又评选出"杨柳旱谷""飞蛾糯"等丰产、耐旱的陆稻品种。陆稻虽耐旱，适于旱种旱长，但其茎叶繁茂、株形松散、产量较低。通过水稻与陆稻杂交育成的新品种，既具有水稻丰产性，又保留陆稻耐旱性。吉林省用"长春无芒""安东陆稻"与水稻杂交，于 1963 年前后育成了一批"公陆"系统，较原有陆稻抗病、丰产。黑龙江省用陆稻"红芒""粳子"与水稻杂交，育成一批"水陆"系统，其中"水陆 5 号"等耐寒、耐旱、抗病、高产，已大面积推广。继水陆稻杂交育种工作开展以来，一批水旱两用新品种相继育成，这些品种不仅适于旱种，而且在水稻地区种植也能获得理想的收成。如"中作 180""京稻 1 号""黎优 57"等。在京、津、豫北等地旱种，其出苗拱土力强，一般产量 6～7.5 吨/公顷，作麦茬水稻产量也达 6.75～8.25 吨/公顷。这些品种在不同地区、不同年份的条件下，可水种也可旱种，弹性大，深受农民欢迎。水旱两用品种有些是籼粳亚种间杂交种、属间杂交种，也有杂交稻和粳稻杂交品种，其共同特点是适应性广、抗逆性强、穗大粒大、生长势旺盛，具有较好的丰产性，较陆稻有较大的增产潜力。选择耐旱的水稻品种旱种，是北方春旱夏涝灌溉条件差的稻区采取的节水种稻技术。以旱直播代替水插秧，可减少育秧、泡田、耕耙整地、插秧等用水。播后不灌水，靠底墒出苗（底墒不足，播前造墒），苗期旱长至 2～6 叶期开始正常灌溉，不建水层，生育期间每公顷用水 45 立方米，此法曾在东北、华北等地推广。水稻旱种对品种的要求是：熟期早，幼苗拱土强，耐旱，需水量少。适于旱种的品种有"寒9""中作180""中选1号""京稻1号""郑粳107""黎优57"等。

六、特种稻的发展趋势

我国栽培特种稻的历史悠久，有关香稻的文字记载约有1800年的历史，而色稻也有1500多年历史。古籍《齐民要术》中已有大香稻和小香稻之分，并提到耐寒性强的"乌口稻""乌陵稻"（即黑稻），在酿酒篇中有稻米制酒法的记载。明代李时珍的《本草纲目》中提到黑稻具有滋阴补肾、健脾暖胃和明目活血的功能。历代帝皇把香米、黑米、红米等列为"贡米""御稻"，供皇室享用。各地民间逢年过节，都用特种稻米制作糕团、粽子等各式点心，少数民族地区早把黑米当做"药米""月家米"来食用。

吉林省从20世纪80年代中后期开始开展特种稻米的研究，并在黑米、紫米、巨胚米、甜米、软米方面取得了巨大的成绩：1994年"龙锦1号"黑米通过吉林省品种审定委员会审定。2006年黑糯1号通过吉林省品种委员会认定，这些品种的育成为北方特种稻米的发展奠定了基础。

第二章 水稻生长发育对环境条件的要求

第一节 水稻种子发芽对环境条件的要求

一、水分

当外界温度达 10℃～20℃时，水分是种子发芽的首要条件。种子含水量，在贮藏期间为 11%～14%，种子水分是以束缚水形式存在，原生质呈凝胶状态，酶处于钝化状态，呼吸十分微弱，呈休眠状态，干燥种子内的细胞原生质属于亲水胶体。因此，当种子放入水中后，就能很快吸涨。这时自由水分增加，为酶的活化、物质的转化提供了条件。原生质由凝胶转为溶胶状态，为种子萌发准备了呼吸基质(糖类)，呼吸增强，产生了能量，为种子萌发和幼苗生长提供了能源。贮藏物质转化，通过子叶维管束将可溶性物质不断地输送到胚中，胚细胞分裂和伸长，突破种皮，伸出幼根和幼芽。种子吸水达到自身重量的 15%～18%(以风干重计)时，胚就开始萌动，但萌发进程很慢。一般水分占种子自身重量的 25%(籼稻)或 30%(粳稻)，为正常发芽所需的水量。为了使种子迅速而整齐发芽，预先浸种是十分必要的。浸种所需时间，因品种和温度条件而异，一般达到萌发要求的最适水分所需时间，水温 30℃时约需 30 小时，水温 20℃时需 60 小时左右，水温 15℃时则需 100 小时以上。粳稻吸水慢，浸种时间长；籼稻吸水快，浸种时间短。浸种时间过长，胚乳养分易外渗损失，且由于无氧呼吸所积累的过量乙醇会危害种芽。

二、温度

种子吸足水分后，还需在一定温度条件下才能发芽。这是因为种子萌发过程中的生理生化变化还要有酶的活动。酶的催化作用，要有一定温度。在一定范围内，温度高，酶的催化作用强，种子内藏物质分解快，发芽的速度快，发芽率也高。一般种子发芽最低温为 10℃(粳稻)～12℃(籼稻)；最适温度为 28℃～30℃；最高为 40℃～45℃。因此，春季过早播种(温度低于 10℃)，稻种不仅不能发芽，还会因呼吸仍在进行而消耗营养物质导致烂种。即使发芽，低温也会影响根系生长，易遭受土壤中有害微生物的侵袭，导致烂秧。在催芽过程中，如谷堆温度过高(高于 40℃)，会引起烧芽，谷粒失去生活力而造成损失。

三、氧气

种子萌发分为 2 个性质不同的阶段：第 1 阶段从种子吸涨到破胸，这时在有氧或无氧的条件下，均以无氧呼吸(发酵作用)为主，仅胚芽萌动，而幼根未伸长，芽鞘生长所需的少量能量由发酵作用供给就能维持；第 2 阶段是破胸后，氧气可自由进入种子内部，各种氧化酶的活动增强，以有氧呼吸为主，产生较多的能量和中间产物(酮酸)，来满足种子根、不完全叶及完全叶幼叶的生长需要。如果在缺氧条件下，进行无氧呼吸产生的中间物质少，细胞结构物质的原料供应少，而能量也仅为有氧呼吸的 1/28 左右，分解产物中的乙醇还会对细胞产生毒害作用。因此，长时间的无氧呼吸对种子萌发和幼苗生长是不利的。

第二节　水稻苗期生长对环境条件的要求

一、温度

苗期生长温度一般为 12℃(粳稻)～14℃(籼稻)，最适温为 30℃～32℃，最高温为 42℃。出苗后幼苗生长的快慢与温度有关，从出苗到 3 叶期，13℃～15℃，需 13～15 天；15℃～25℃，需 5～9 天；25℃～30℃，只需 4～5 天。高温下生长快，但苗体软弱。一般日平均 20℃左右，日温 25℃～26℃、夜温 15℃～

16℃对培育壮秧最为有利。当温度低于 5℃，持续 36 小时，氨基酸从幼根、幼芽向外渗漏，对幼苗生长有损害。日气温达 25℃左右，物质代谢旺盛。过高温度对秧苗生长也有损害，如中午秧田表土温度有时可达 40℃以上，薄水层温度更高，可达 45℃以上，常发生煮苗现象；塑料薄膜棚内常因通风不及时使温度达 50℃左右，造成蒸苗现象。

二、水分

随着秧苗生长，对水分需要量增加。出苗前，土壤保持田间持水量 60％，就足够发芽出苗。3 叶期前，田间持水量应在 70％左右，保证充足氧气，促进根系发育，切忌水分过多。3 叶期以后，气温增高，叶面积扩大，需水量增加；当土壤水分少于田间持水量时，光合作用受阻，阻碍幼苗生长，因而一般育秧管理需保持水层。

三、养分

种子养分可分为内源与外源。内源氮可以用到 3 叶期，3 叶期前由胚乳供给种子的发芽和幼苗生长，3 叶期后，根从土壤中吸收水分和养分，通过叶片制造有机物质供给秧苗生长发育需要。内源氮含量少，蛋白质含量为种子重量的 10％左右，蛋白质含氮率为 16.8％，而种子含氮率仅为 1.68％。秧苗体内含氮量一般为 3％～5％。因此，内源氮显得十分不足，必须补充外源氮才能满足秧苗生长发育的需要。故早施氮肥是培养壮秧的关键措施之一，我们称这次追肥是氮的接力肥。

土壤氮素充足，幼苗吸收氮素多，胚乳消耗快，幼苗干重增加也快，使超重期提早。过多吸收氮素，削弱根系生长，地上部叶片生长过快，使秧苗软弱，抗逆性降低，低温冷害侵袭，易青枯死苗。磷、钾肥料，能提高发根力和抗寒力，钾肥提高发根力高于磷肥，秧田施用磷、钾对培育壮秧有明显的作用。缺素土壤条件下，施用微量元素铁、锌对秧苗生长发育有明显的促进作用。

四、氧气

秧苗生长需要大量氧气,在秧田淹水的条件下(氧的浓度为0.2%)秧苗生长瘦弱。据研究,种子在缺氧的情况下萌发生长,种子内贮藏物质的能力转化率和贮藏物质用于器官建成的效率,都明显地低于氧气充足条件下萌发生长的种子。3叶期以后,根部才形成通气组织,通过叶片可以从地上部获取氧气。因此,这时秧苗对土壤中缺氧环境的适应力逐渐增强。

五、光照

光照是秧苗健壮生长的重要条件之一。光照不足,细胞伸长大于分裂,纤维素含量少,秧苗软弱,抗逆性差。自然光照,目前我们还无法控制,常通过调整秧田播种量来满足秧苗对光照的要求。秧田稀播保持较好的光照条件,是培育壮秧的重要环节之一。

六、土壤

水稻是喜酸耐酸作物,特别在旱育秧条件下,一定的酸度虽能够控制土壤病原菌的活动,但也影响某些营养元素的存在形态,从而影响水稻秧苗的生长和抗逆能力。据试验,在北方稻区钙质土条件下,床上 pH 值为 4.1 的秧苗株高和百株干重最大。pH 值为 4.1~5.3 有利于秧苗长根。综合地上部与根生长情况以及钙质土壤 pH 值回升趋势,早期或寒地育秧,床上 pH 值必须调低些,据试验结果,pH 值为 4.1~5.3 合适。

第三节　水稻返青分蘖对环境条件的要求

一、温度

水稻分蘖的最适气温为 30℃～32℃,最适水温为 32℃～34℃;最高气温为 38℃～40℃,最高水温为 40℃～42℃;最低气温 15℃～16℃,最低水温为 16℃～17℃。水温在 22℃以下,分蘖就较缓慢。低温使分蘖延迟,且影响总分蘖数和有效穗数。因此，通常要在气温稳定在 15℃ 以上时插秧，并采取一切措施提高水温和土温，以促进分蘖的发生。

二、光照

分蘖期需要充足的光照，以提高叶片光合强度，增加光合产物，促进分蘖发生。插秧后，若阴雨天多，同化产物少，叶片叶鞘都长得细长，就不易长分蘖，即使长出来，也会死去。据研究，在自然光照下，返青后 3 天就开始分蘖；若只有 50% 的自然光照时，返青后 13 天，才开始分蘖；若只有 5% 自然光照时，返青后不仅不能产生分蘖，还会产生死苗现象。

三、水分

此期是水稻生理需水的重要时期，插秧后应保持浅水层，促进水稻分蘖，当分蘖达到产量目标时，要排水晒田式深灌水控制分蘖。

第四节　水稻拔节孕穗期对环境条件的要求

一、养分

幼穗分化过程中，稻株根量不断增加，最后 3 片叶相继长出，是营养生长和生殖生长同时并进的阶段，也是碳氮代谢两旺的时期。这时如缺乏营养，将对幼穗分化产生不利影响。生产上往往在抽穗前 30～40 天，即第 1 苞分化期施肥，以保持颖花分化，二次枝梗数增加，这个时期施用的肥料常称为"保花肥"；在抽穗前 10～20 天即雌雄蕊形成期至花粉母细胞减数分裂期施肥，可防止颖花败育，确保粒多，这时施用的肥料称为"保花肥"。

二、温度

幼穗分化的最适温度为 26℃～30℃，而以昼温 35℃、夜温 25℃ 更有利于成大穗。幼穗分化的临界低温是 15℃～18℃，最敏感的时期是减数分裂期。稻穗发育的最高温度为 40℃～42℃，高温对稻穗发育影响严重的时期也是减数分裂期。因此,在减数分裂期低温和高温的危害都将引起颖花的大量败育和不孕。

三、光照

光照强度对幼穗分化关系密切,光照强有利于幼穗分化。据试验,在幼穗分化期,用2层纱布遮光(透过光为自然光的1/8~1/6),颖花退化对照多30%。因此,在穗分化时低温阴雨、日照少、或者封行过早、田间郁闭,都会造成枝梗及颖花的败育。增强光照和延长日照时间,能提高光合效率,满足穗分化过程中的有机养分的需要。

四、水分

幼穗分化开始到抽穗是水稻一生生理需水量最多的时期,尤其以花粉母细胞减数分裂期对水分最为敏感。因此,在幼穗分化期要求田间最大持水量保持在90%以上。如果田间缺水受旱,则会影响水稻正常生理活动,不利于颖花发育。相反,如果水稻受淹,稻穗也会出现畸形,其受害程度与淹水时间和稻株浸水程度、受淹部位有关。

第五节　水稻灌浆结实期对环境条件的要求

一、光照

光照强度和光照时间影响稻叶的光合作用和碳水化合物向谷粒的运转。据研究,高产水稻谷粒充实的物质,90%以上是靠抽穗后叶片光合作用所制造的碳水化合物供给的。因此,灌浆期的光合效率将直接影响水稻产量。

二、温度

温度对灌浆结实关系密切,一般最适灌浆的气温为20℃~22℃,且在灌浆前15天,以昼温25℃、夜温19℃、日均温24℃为宜,后15天以昼温20℃、夜温16℃、日均温为18℃为好,结实率高。适宜的灌浆温度,有利于延长积累营养物质的时间,细胞老化慢，呼吸消耗少，米质好。低温和高温都不利于水稻子粒正常灌浆，影响稻米品质。

三、水分

灌浆期对水分的要求，仅次于拔节长穗期和分蘖期，此期水分不足会影响叶片同化能力和灌浆物质的运输，灌浆不足，造成减产。灌浆期水分不足，影响光合作用，降低物质转运效率，缩短正常灌浆的时间，稻米的物理性状变劣。

四、养分

灌浆期间叶片含氮量与光合能力之间有密切关系，适当施氮，可增强单位叶面积的光合作用。灌浆期间，维持最大绿叶面积，防止叶片早衰，提高根系活力，对水稻产量影响很大。因此，生产上常采用根外施肥。在齐穗期看苗补肥，采取补施磷、钾肥等手段，以确保灌浆过程的正常进行。

第三章　水稻品种选择

第一节　主导品种

一、吉粳 88 号

1. 选育单位　吉林省农科院水稻研究所。

2. 育成人员　张三元、张俊国、赵劲松、全成哲等。

3. 品种来源　1999 年以奥羽 346 为母本，长白 9 号为父本杂交选育而成。曾用代号：吉 01－124、01－125、01－22。

4. 审定年份　2005 年通过品种审定，编号为：吉审稻 2005001。

5. 植株性状　株高 100～105 厘米，株型紧凑，叶片坚挺上举，茎叶浅淡绿，分蘖力中等，每穴有效穗 22 个左右。

6. 穗部性状　主穗长 18 厘米，半直立穗型，主蘖穗整齐，主穗粒数 220 粒，平均粒数 120 粒，着粒密度适中，结实率 95％以上。

7. 子粒性状　粒形椭圆，颖及颖尖均黄色，稀间短芒，千粒重 22.5 克。

8. 品质　依据农业部 NY122－86《优质食用稻米》标准，糙米率、精米率、整精米率、长宽比、垩白米率、垩白度、透明度、碱消值、胶稠度、直链淀粉含量、蛋白质含量全部各项指标达到国家一级优质米标准，综合评价等级为 1 级优质米。

9. 抗逆性　人工接种鉴定，苗瘟中抗，异地田间自然诱发鉴定，叶瘟中抗；穗颈瘟感，穗瘟最高发病率 60％。显优于对照品种"通 35"。

10. 生育日数　属中晚熟偏晚品种，生育期 143～145 天。

11. 产量水平　预试平均公顷产量 8151.0 千克，比对照"通35"增产 6.4％；3 年区试平均公顷产量 8419.50 千克，比对照"通35"增产 3.7％。1 年生产试验平均公顷产量 8515.5 千克，比对照"通35"增产 3.7％。

12. 栽培要点　稀播育壮秧，4 月上旬播种，播种量每平方米催芽种子 350 克。5 月中旬插秧，行株距 30 厘米×16.5 厘米，每穴 3～4 苗。氮、磷、钾配方施肥，每公顷施纯氮 150～170 千克、纯磷 60～70 千克，作为底肥；纯钾 90～110 千克，分 2 次施，底肥 70％、拔节期追 30％。采取分蘖期浅，孕穗期深，子粒灌浆期浅的灌溉方法。7 月上中旬注意防治二化螟。抽穗前注意及时防治稻瘟病。

13. 适应区域　吉林省四平、吉林、辽源、通化、松原等中晚至晚熟平原稻作区。

二、吉粳 102 号

1. 选育单位　吉林省农业科学院水稻研究所。

2. 选育人员　张强、付秀林、金京花、全成哲等。

3. 品种来源　1994 年以"超产 2 号"为母本、"吉香 1 号"为父本，通过混合系谱法选育而成。原代号：吉2000F27。

4. 审定年份　2005 年通过审定，编号：为吉审稻2005012。

5. 植株性状　株高 101.6 厘米，株型较收敛，叶色较绿，分蘖力中等。

6. 穗部性状　散穗，无芒，颖壳黄色，主穗粒数 258 粒，平均穗粒数 118 粒。

7. 子粒性状　谷粒长椭圆形，千粒重 25 克，稻米清白或略带垩白。

8. 品质　经农业部稻米及制品质量监督检测中心分析，稻米品质达国家一级优质米标准。

9. 抗逆性　2002—2004 年苗期抗性综评为中抗，成株期叶瘟抗性综评为中抗，成株期穗瘟抗性综评为中抗，抗性明显好于对照品种。

10．生育日数　吉林省条件下为中熟期品种，生育期 135 天左右，需≥10℃积温 2750℃左右。

11．产量水平　2002 年预试，较对照品种（吉玉粳）平均增立16.1%。2002—2004 年间参加省区试（含预试），平均较对照品种（吉玉粳）增产 7.2%，达显著水平。参加省区试的生产试验中，平均较对照品种（吉玉粳）增产 8.8%。

12．栽培要点　稀播育壮秧，4 月中上旬催芽播种，播种量350 克/米²。5 月中下旬插秧，行株距为 30 厘米×20 厘米，纯磷量 100 千克左右，磷肥全部做底肥施入；钾肥的 2/3 做底肥、1/3做穗肥施入；氮肥按底肥∶蘖肥∶穗肥＝2∶5∶3 的比例施用。水管理采用浅——深——浅。生育期间进行主要病虫害（稻瘟病、二化螟、纹枯病等）的防治。

13．适应区域　吉林省吉林、长春、通化、四平、松原、延边等中熟期稻区种植。

三、吉粳 83 号

1．选育单位　吉林吉农水稻高新科技发展有限责任公司。

2．选育人员　李明生、王景余、张学君等。

3．品种来源　1991 年以东北 141 为母本、以自选系 D4－41为父本，进行有性杂交，经系谱法选育而成。原代号：丰优 307。

4．审定年份　2002 年通过品种审定，编号为：吉审稻 2002018。

5．植株性状　株高 105 厘米左右，株型紧凑，茎叶色浅黄，分蘖力中，每穴有效穗 35 个左右。

6．穗部性状　穗长约 21 厘米，弯曲穗型，主蘖穗整齐、主穗粒数 160 粒，着粒密度偏低，结实率 96% 以上。

7．子粒性状　粒形椭圆形，子粒浅黄色，略有稀短至稀中芒，千粒重 26 克。

8. 品质 糙米率、精米率、整精米率、粒长、长宽比、垩白粒率、垩白度、透明度、碱消值、胶稠度、直链淀粉含量、蛋白质9项指标达优质米一级标准,一项指标达优质二级标准。

9. 生育日数 生育期约141天,需≥℃有效积温2900℃,属中晚熟品种。

10. 抗逆性 人工接种,成株期病区多点、异地。田间自然诱发鉴定,苗瘟和叶瘟均表现中感,穗瘟表现感病。

11. 产量水平 1997年预试平均公顷产量7509.0千克,比对照农大3号增产5.8%;1998—2000年区试平均公顷8578.5千克,比对照农大3号增产1.7%;1999—2000年生产试验平均公顷8452.5千克,比对照农大3号增产5.6%。

12. 栽培要点 稀播育壮秧,4月上旬播种,5月中旬插秧干湿相结合灌水,7月上、中旬注意防治二化螟。注意及时防治稻瘟病。

13. 适应区域 吉林省吉林、长春、通化、四平、延边有效积温达2900℃以上的中晚熟稻区。

四、长白10号

1. 选育单位 吉林省农科院水稻研究所。

2. 品种来源 1994年以长白9号为母本、秋田小町为父本杂交育成。原代号:吉丰8号。

3. 审定年份 2002年通过品种审定,编号为:吉审稻2002005。

4. 植株性状 株高95～100厘米,株型紧凑,分蘖力中等,出穗成熟后,穗部在剑叶下面。

5. 穗部性状 穗较大,平均每穗粒数100粒左右,着粒密度适中,结实率90%以上。

6. 子粒性状 粒形椭圆,子粒饱满,颖及颖尖均黄色,有短黄芒,千粒重27.5克。

7. 品质 据农业部稻米及制品质量监督检验测试中心检验报

告，糙米率、精率、整精米率、粒长、长宽比、碱消值、胶稠度、直链淀粉含量8项指标达优质米一级标准；垩白度、透明度二项指标达优质米二级标准。

8. 生育日数　生育期130天，需≥10℃，有效活动积温2600℃，属中早熟类型品种。

9. 抗逆性　人工接种和成株期病区多点异地田间自然诱发鉴定，苗期为中抗，叶瘟为中抗，穗瘟为感病，耐盐碱性强。

10. 产量水平　1998年预试公顷产量8052.0千克，比对照长白9号增产1.4%；1999—2001三年区试平均公顷产量7689.0千克，比对照长白9号增产3.46%；2年生试平均公顷产量7983.0千克，比对照长白9号增产0.93%。

11. 栽培要点　稀播育壮秧，4月中旬播种，播种量每平方米催芽种子350克。5月下旬插秧。行株距30厘米×16.5厘米，每穴3～4苗。每公顷施纯氮150～170千克、纯磷60～70千克，作为底肥；纯钾90～110千克。水分管理采取分蘖期浅，孕穗期深，子粒灌浆期浅的灌溉方法。7月上中旬注意防治二化螟。抽穗前注意及时防治稻瘟病。

12. 适应区域　吉林省四平、通化、长春、吉林、松原半山区及平原井灌稻作区种植。

五、通育313

1. 选育单位　通化市农业科学研究院。

2. 品种来源　1986年以转菰基因后代材料F3－1－6为母本、以2449为父本进行复交，选育而成。原代号：通育414。

3. 审定年份　2002年通过品种审定，编号为：吉审稻2002003。

4. 植株性状　秧苗色深，分蘖中等，叶直色深，株高105厘米左右，茎秆粗壮，穗数较多，穗大较齐，黄熟时全株青绿色。

5. 子粒性状　粒呈椭圆粒、大而饱满，颖壳浅黄色，茸毛中，千粒重30克左右。

6. 穗部形状 穗长 22～24 厘米，穗形半紧穗，着粒中等，平均穗粒数 140 粒，最大穗达 230 粒，结实率 95％以上，成熟率 97％左右。

7. 品质 糙米率、精米率、整精米率、粒形、碱消值、蛋白质含量 6 项指标达优质米一级标准；直链淀粉含量指标达优质米二级标准。

8. 生育日数 生育期 130 天左右，熟期与吉 8945 相似，全生育期积温 2600℃～2700℃，属中早熟品种。

9. 抗逆性 人工接种鉴定，中抗苗瘟和叶瘟，感穗瘟。

10. 产量水平 1999—2001 年区试平均公顷产量 7773.0 千克，比对照品种长白 9 增产 1.4％；生试平均公顷产量 8361.0 千克，比对照品种长白 9 增产 5.7％。

11. 栽培要点 采用稀播育全蘖壮秧，4 月 10 日左右播种，每平方米播催芽种 100～150 克，带 3～5 个分蘖为宜，不易过早插小苗。少插、宽行稀植或超稀植防治二化螟，注意及时防治稻瘟病。

12. 适应区域 吉林省白山、白城、吉林、通化等中早熟稻作区均可种植。

六、农大 19

1. 选育单位 吉林农业大学。

2. 育成人员 马景勇、杨福、凌风楼等。

3. 品种来源 1992 年，以合单 84－076 为母本、通系 103 为父本杂交，1993 年，以 F2 代为受体、以大豆总 DNA 为供体，利用花粉管通道法转基因变异群体，经系谱法选育而成。

4. 审定年份 2004 年通过品种审定，编号为：吉审稻 2004000。

5. 植株性状 株高 98 厘米左右，株型紧凑，叶色浅绿，每穴有效穗 28 个左右。

6. 穗部性状 穗长 23.5 厘米，弯曲穗型，主蘖穗整齐，主穗粒数 130 左右，平均粒数 110 粒，着粒密度适中，结实率 90％。

7. 子粒性状　粒形椭圆，子粒浅黄色，稀间有芒，千粒重26 克。

8. 品质　精米率，整精米率、长宽比、碱消值、垩白率、垩白度、透明度、直链淀粉含量、胶稠度符合一级标准；糙米率符合优质米二级标准。

9. 抗逆性　2001—2003 年连续 3 年采用苗期分菌系人工接种、成株区病区多点异地自然诱发鉴定，结果表明农大 19 中感苗瘟，对叶瘟、穗茎瘟表现感病。

10. 生育日数　属中早熟品种。生育期 132 天，需≥10℃，积温 2700℃。

11. 产量结果　2001—2003 年区试平均公顷产量 8175 千克，比对照长白 9 增产 2.3%；2003 年生产试验平均公顷产量 7881 千克，比对照长白 9 减产 0.8%。

12. 栽培要点　稀播育壮秧，4 月上旬播种。5 月中下旬插秧。行株距 30 厘米×20 厘米，每穴 2～3 苗。氮、磷、钾配方施肥，每公顷纯氮 150 千克、磷肥（P_2O_5）60 千克、纯钾 80 千克。水分管理以浅—深—浅为主，干湿相结合。7 月上中旬注意防止二化螟，注意及时防治稻瘟病。

13. 适应区域　白城、长春、四平、松原、梅河口稻区种植，尤其是上述地区的井水灌溉栽培更为适宜种植。

七、九稻 39

1. 选育单位　吉林市农业科学院水稻研究所。

2. 育种人员　周广春、郭桂珍、王孝甲、刘才哲等。

3. 品种来源　1991 年配制的杂交组合藤系 144 号/288－1//藤系 144 号///藤系 138 号的后代系选育而成。原代号：九 9929。

4. 审定年份　2003 年通过品种审定，编号为：吉审稻 2003002。

5. 植株性状　株高 95 厘米，株型紧凑，茎叶绿色，分蘖力强，每穴有效穗 27.1 个左右。

6. 穗部性状　穗长 19.8 厘米，散穗型，主蘖穗齐，主穗粒数 195，平均粒数 99 粒，着粒密度中等，结实率 90％。

7. 子粒性状　粒形椭圆，了粒黄色，有芒，千粒重 25.5 克。

8. 品质　依据农业部 NY122－86《优质食用稻米》标准，九 9929 精米率，整精米率、长宽比、碱消值、胶稠度 5 项指标达部优质米一级标准；糙米率、垩白度、透明度、直链淀粉含量 4 项指标达优质米二级标准。

9. 抗逆性　苗期分菌系人工接种、成株区病区多点异地自然诱发鉴定，中抗苗瘟，中抗叶瘟，中感穗茎瘟。

10. 生育日数　属中熟品种。生育期 136 天，需≥10℃，积温 2700℃。

11. 产量水平　2000 年预试平均公顷产量 8581.5 千克，比对照吉玉粳增产 6.3％；2001—2002 年区试平均公顷产量 8724.1 千克，比对照吉玉粳增产 11.3％；2002 年生产试验平均公顷产量 8296.1 千克，比对照吉玉粳增产 2.5％。

12. 栽培要点　稀播育壮秧，4 月上中旬播种。5 月中下旬插秧。行株距 30 厘米×20 厘米，每穴 3～4 苗。每公顷纯氮 150 千克、磷肥 70 千克、钾肥 70 千克，分 2 次施入，底肥 70％、拔节肥 30％。水分管理以浅为主，抽穗后间歇灌溉。7 月上中旬注意防止二化螟，注意及时防治稻瘟病。

13. 适应区域　吉林省长春、吉林、通化、四平、松原、延边中熟稻区种植。

八、通育 223

1. 选育单位　吉林省通化市农业科学院。

2. 育成人员　赵基洪、姜立雁、初秀成等。

3. 品种来源　1986 年以转菰基因后代材料 1439 为母本，以2157 位父本，杂交后代通过温室加代、集团育种方法和田间鉴定选择，于 1997 年选育而成。原代号：通育 217。

4. 审定年份　2004 年通过品种审定，编号为：吉审稻 2004012。

5. 植株性状　株高 101.3 厘米，株型良好，剑叶上举，茎叶深绿色，茎秆坚硬，每穴有效穗 21 个左右。

6. 穗部性状　穗长 25 厘米，弯穗型，主蘖穗较齐，主穗粒数 280 左右，平均粒数 175 粒，着粒密度较密，结实率 95%。

7. 子粒性状　谷粒呈椭圆粒形，子粒黄色，稀短芒，饱满千粒重 26 克。

8. 品质　依据农业部 NY122－863《优质食用稻米》标准，通育 217 样品检验项目中糙米率、精米率、整精米率、粒长、长宽比、碱消值、胶稠度、透明度、直链淀粉含量蛋白质指标达优质米一级标准；垩白度达优质米二级标准。

9. 抗逆性　经吉林省农科院植保所 2001—2003 连续 3 年鉴定：抗苗瘟（对照通 35 为中抗），感叶瘟（对照通 35 为中感），中感穗瘟（对照通 35 为感）。在 24 个自然诱发鉴定点次中最高穗瘟率为 18%，该品种田间抗性较稳。

10. 生育日数　属中晚熟品种。生育期 142 天，需 ≥10℃，积温 2800℃～2850℃。

11. 产量水平　2001 年预试平均公顷产量 8631 千克，比对照通 35 增产 4.0%；2003 年区试验平均公顷产量 8106 千克，比对照通 35 增产 7.4%。

12. 栽培要点　稀播育壮秧，4 月上中旬播种。5 月中旬插秧，行株距 40 厘米×20 厘米，每穴 3～4 苗。每公顷纯氮 135～150 千克、磷肥 60 千克、纯钾肥 90 千克。水分管理以浅水灌溉为主，分蘖期人工除草。7 月上中旬注意防止二化螟，注意及时防治稻瘟病。

13. 适应区域　吉林省吉林、长春、通化、四平、松原中晚熟稻区种植。

九、通丰 9 号

1. 选育单位　吉林省通化市农业科学研究院。

2. 育成人员　柳金来、宋丽娟、周柏鸣等。

3. 品种来源　1993 年以秋光为母本、通 313 为父本进行杂交，经系统法选育而成的新品种。

4. 审定年份　2005 年通过审定，编号：吉审稻 2005009。

5. 植株性状　株高 101.45 厘米，株型紧凑，叶片直立，茎叶绿色，分蘖力强，每穴有效穗数 30 穗左右。

6. 穗部性状　穗长 20 厘米，紧穗型，主蘖穗整齐，主穗粒数 240 粒，平均粒数 131.9 粒，成熟率 95％。

7. 子粒性状　子粒椭圆形，颖尖黄色，无芒，茸毛中，千粒重 26.0 克。

8. 品质　依据农业部 NY20－1986《优质食用稻米》标准，所检验项目中糙米率、精米率、整精米率、长宽比、透明度、碱消值、直链淀粉、蛋白质符合一级规定；垩白度、胶稠度符合二级规定。

9. 抗逆性　人工接种鉴定，中抗苗瘟；异地田间自然诱发鉴定中抗叶瘟、中感穗瘟，只在 2003 年的一个点次为中感，其他年份的各点次均表现为抗病，明显高于对照通 35。

10. 生育日数　生育期为 138～140 天属中晚熟品种，与对照通 35 相同，全生育期积温 2900℃～3000℃。

11. 产量水平　2002 年预备试验平均亩产 527.3 千克，比对照通 35 增产 3.3％；2003 年平均亩产 574.7 千克，比对照通 35 增产 9.8％；2004 年平均亩产 571.8 千克，比对照通 35 增产 8.5％；三年平均亩产 557.9 千克，比对照通 35 增产 7.2％。生试结果：2004 年平均亩产 566.1 千克，比对照通 35 增产 3.5％。

12. 栽培要点　稀播育壮秧，4 月上、中旬播种。5 月中、下旬插秧。株距 30 厘米、行距 20 厘米，或株距 30 厘米、行距 26.7 厘米，每穴 2～3 苗。氮肥每公顷 120～130 千克纯氮、磷肥 70 千克，全部做底肥；钾肥 75 千克，分 2 次施入，底肥 50％、拔节期 50％。水分以浅水灌溉为主，抽穗期后间歇灌溉。7 月上中旬注意防治二化螟，注意及时防治稻瘟病。

13. **适应区域** 适应吉林省吉林、长春、四平、通化、松原平原有效积温在 2900℃ 中晚熟稻作区。

十、秋田小町

1. **引种单位** 吉林省农科院水稻研究所。

2. **育成人员** 赵国臣、郭希明、张学君、全成哲等。

3. **品种来源** 1992 年由吉林省农科院水稻所从日本引进。

4. **审定年份** 2000 年通过审定，编号：2000002。

5. **植株性状** 株高 100～105 厘米，茎秆强韧抗倒伏，叶浅淡绿，分蘖力中等，每穴有效穗 18 个左右。

6. **穗部性状** 主穗长 20 厘米，弯穗型，主穗粒数 120 粒，平均粒数 90 粒，着粒密度适中，结实率 95％以上。

7. **子粒性状** 粒形椭圆，颖及颖尖上均黄色，稀间短芒，千粒重 25.5 克。

8. **品质** 依据农业部 NY122－86《优质食用稻米》标准，糙米率、精米率、整精米率、长宽比、垩白米率、垩白度、透明度、碱消值、胶稠度、直链淀粉含量、蛋白质含量全部各项指标达到国家一级优质米标准，综合评价等级为一级优质米。

9. **抗逆性** 人工接种鉴定，苗瘟感，异地田间自然诱发鉴定，感叶瘟、穗颈瘟。

10. **生育日数** 属中晚熟偏晚品种，生育期 145 天左右，需≥10℃，积温 3000℃～3100℃。

11. **产量水平** 引种、生态鉴定公顷产量 8710 千克，比对照品种关东 107 增产 3.8％；生产示范公顷产量 8427 千克，比对照品种关东 107 增产 6.4％。

12. **栽培要点** 稀播育壮秧，4 月上旬播种，播种量每平方米催芽种子 350 克。5 月中旬插秧。行株距 30 厘米×15 厘米，每穴 3～4 苗。氮、磷、钾配方施肥，每公顷施纯氮 130～150 千克、纯磷 60～70 千克，作为底肥；纯钾 90～110 千克，分 2 次施，底肥70％、拔节期追30％。采取分蘖期浅，孕穗期深，子粒灌浆期浅的灌溉方法。7月上中旬注意及时防治稻瘟病。

13. 适应区域　吉林省四平、吉林、辽源、通化、松原等中晚至晚熟平原稻作区。

第二节　超级稻品种

一、超级稻的概念

通过水稻超高产育种选育的超高产品种叫超级稻。水稻超高产育种最早于1981年由日本人提出，试图通过籼粳稻杂交的方法，育成比当时推广的秋光品种增产50％或每公顷生产10吨糙米的超高产品种。

1989年，国际水稻研究所也正式启动 NewplantType（新株型）超高产育种计划，目标是育成比当时推广品种增产20％～30％，产量潜力在每公顷13～15吨，综合抗性好，生育期110天的超高产品种。1994年，该所宣布育成了新株型超高产品种，西方媒体立即用 SuperRice（超级稻）来宣传这一成果。此后，超级稻一词就成了超高产品种的代名词，广泛出现在媒体中。实际上超级稻、超高产品种和新株型稻是同一事物的三种不同叫法。

二、超级稻的类型

中国是世界上开展超级稻育种较早也是最成功的国家。从20世纪80年代中期开始，到90年代中期，已经在育种理论、育种方法和育种实践上取得了全面突破。进入21世纪以后，超级稻新品种已大面积示范推广。

中国的超级稻分为两大类：一类是南方的超级杂交籼稻，它又包括两系法亚种间超级杂交稻和三系法亚种间超级杂交稻；另一类是北方的常规超级粳稻。两者均已达到667平方米超过800千克的超高产水平，而且均已有超级稻新品种审定推广，如南方的两优培9和协优9308、北方的沈农265和沈农9741等。

三、超级稻研究具体要求

1996 年 9 月，在中国超级稻发展战略研讨会上，农业部副部长危朝安强调，中国超级稻要立足生产需求，深化高产、优质、广适型的一季超级稻和超级早、晚稻的培育，以全面实现超级稻育种的二期研究目标。一是要根据我国水稻生产的实际需求，深化对超级稻在主产区大面积均衡增产的研究，不搞特异生态区小面积、小田块的高产竞赛。二是要兼顾高产与优质的育种目标，实现高产与优质的协调发展。三是要加强超级稻的配套栽培技术研究。

四、北方超级稻品种情况

到目前为止，农业部正式公布的北方超级稻品种共 11 个，其中包括 2005 年公布的 5 个，2006 年认定的 6 个。

1. 吉林省 3 个　吉粳 88、吉粳 83、吉粳 102。

2. 辽宁省 6 个　沈农 265、沈农 606、沈农 016、辽优 5218、辽优 1052、铁粳 7 号。

3. 黑龙江省 4 个　龙粳 14、龙稻 5 号、松粳 9 号、垦稻 11 号。

第三节　特用品种

一、龙锦 1 号

1. 选育单位　吉林省农业科学院水稻研究所。

2. 品种来源　1988 年以"龙晴 4 号"为母本，"笹锦"为父本杂交系选育成。1955 年经吉林省农作物品种审定委员会审定通过。

3. 特征特性　中晚熟品种。生育期 140 天左右，需 ≥10℃，积温 2800℃。株高 100 厘米，茎秆有弹性，叶片上举，叶鞘、叶缘、叶枕均为深绿色。分蘖力强，主蘖穗整齐，成穗率高，穗长 18～20 厘米，穗粒数 90 粒左右，结实率 80% 以上。谷粒呈长椭圆形，长宽比2∶1，颖及颖壳暗黄色，无芒，稻谷千粒重20克。粳性糙米率80%，米皮为黑色。苗期耐寒性强，耐盐碱性和抗倒伏性中等。

4. 产量表现　1991～1993年生产试验，平均公顷产量6495千克，比一般黑稻增产20%以上。

5. 栽培要点　4月上、中旬播种。5月下旬插秧。插秧密度26.4厘米×16.5厘米或30厘米×16.5厘米，每穴插2～3苗。一般每公顷施纯氮120～150千克。采用浅水灌溉和间断灌溉相结合方法。

6. 适应区域　吉林省中熟、中晚熟及晚熟稻区。

二、黑糯1号

1. 选育单位　吉林省农业科学院水稻研究所。

2. 品种来源　1991年配制杂交组合韩国黑糯/清香糯，通过系谱法选育而成。

3. 植株性状　株高105厘米左右，株型较收敛，叶色较绿且较宽，有效分蘖18个。

4. 穗部性状　平均穗粒数120粒，结实率86%，散穗。

5. 子粒性状　谷粒长椭圆形，无芒，颖壳黄色，糙米黑色，千粒重22克。

6. 品质分析　经白求恩医科大学卫生检测分析中心检测，其微量元素和维生素B_1，B_2含量特别高，营养丰富。

7. 抗逆性　2004～2006年连续采用苗期人工分菌系鉴定和成株期叶瘟和穗瘟的多点异地自然抗瘟性鉴定方法鉴定，结果为苗期抗性综评为中感〔对照品种为中感〕，成株期叶瘟抗性综评为感〔对照品种为感〕。

8. 生育日数　吉林省条件下为中晚熟期品种，生育期140天左右，需≥10℃，积温2800℃左右。

9. 产量结果　2006年，专家现场验收，公顷产量7347千克，较对照品种龙锦1号(6064.5千克/公顷)，增产21.1%。

10. 栽培技术要点

(1)播种　稀播育壮秧，4月中上旬催芽播种，播种量350克/米^2。

(2)插秧　5月中下旬插秧，插秧密度为30.0厘米×20.0厘米 3～4苗/穴。

(3)施肥　一般土壤条件下每公顷施肥：总纯氮量150千克左右，总纯钾量130千克左右，总纯磷量100千克左右。磷肥全部做底肥施入，钾肥的2/3做底肥、1/3做穗肥施入，氮肥按底肥∶蘖肥∶穗肥＝2∶5∶3的比例施用。

(4)管理　插秧田生育期间，在施药灭草时期(5～7天)应保持水层在苗高的2/3左右，其余时期一律浅水灌溉(3.0～5.0厘米)，在定浆期(蜡熟期)及时排除田间存水。生育期间，要进行主要病虫害(稻瘟病、二化螟、纹枯病等)的防治。

11. 适应区域　吉林省中晚熟稻区。

第四章　水稻的育秧技术

第一节　水稻育秧的基本技术

一、秧田准备

1. 选地　要选择土质松软肥沃，无病虫草害，水源清洁，排灌方便的地方。还要根据各地区育秧时期和气候差异，最好在房前屋后建立秧田地。北方多属寒冷地区应设置风障，以便保温防寒，并要选择肥力中等、地势高、排水方便的地方。

2. 耕翻整地　北方粳稻由于利用房前屋后园田地育秧，冬季最好用秸秆覆盖育秧前搂掉杂物，耙碎耙细，干耕干整干做床，建立通透性良好的床面。

3. 秧田作畦　整地作畦的中心是个"平"字，然后作床。具体规格一般长 10～15 米较为合适，畦宽要依据塑料薄膜宽窄和保温方式而定。拱形覆膜畦宽加两边沟宽，一般 1.5～2 米宽膜，畦宽 1.3～1.7 米合适。畦沟宽 18～24 厘米、沟深 15～20 厘米、边沟宽 25～30 厘米、边沟深 20～24 厘米，有利于排水。

4. 施肥　应以有机肥做底肥，腐熟人畜粪尿 1500～2000 千克/667 米^2，在耕翻后、整地前施入，经过耙整后，可以土肥相融。磷、钾肥和少量氮肥，在播前作为畦面表肥混合施入。增加肥效，每 667 平方米施过磷酸钙 30～40 千克或钙镁磷肥 50 千克、硫酸钾 5～7.5 千克、硫酸铵 15～20 千克。

二、稻种处理技术

1. 水稻良种的国家标准　对于水稻良种，国家制定了具体的标准，并于 1997 年 6 月 1 日实行。这个标准规定：水稻常规种原种，纯度不得低于 99.9％，净度不低于 98.0％，发芽率不低于 85％，粳稻常规原种水分不高于 14.5％。常规种良种纯度不低于 98.0％，净度不低于 98.0％，发芽率不低于 85％，粳稻良种的水分不高于 14.5％。

2. 种子发芽试验　由于种子在穗上着生的部位、收获时期、收获方法、贮藏条件等因素的影响，其生活力往往有很大差别，所以播前必须测定发芽率、检查纯度，以决定其能否作种和决定播种量。试验方法：在培养皿、盘子、碗等器皿里铺上滤纸或吸水纸、沙子、纱布等，用水湿润；从种子堆的上、中、下层，里外层随机取样，充分混匀后取 3 份各 100 粒种子，分别放入上述器皿中，然后将器皿放入恒温箱内催芽，恒温箱温度可调到 20℃～25℃；没有器皿可将报纸湿润，将种子卷在里边，放在热炕上的泥盆中催芽。发芽率和发芽势计算公式如下：

$$发芽率 = \frac{已发芽的种子数}{供试种子数} \times 100\%$$

$$发芽势 = \frac{3 天内已发芽的种子数}{供试种子数} \times 100\%$$

3. 晒种　晒 2～3 天，利用太阳光紫外线杀菌除虫，散发二氧化碳和潮气。同时增强稻种透气性和吸水力，促使酶活化，从而提高发芽率和发芽势，达到出苗整齐一致。

4. 选种　选种可以去秕留饱，缩小种子间质量差异，使种子萌发整齐，幼苗健壮。选种方法很多，目前一般采用密度选种，50 升水加 12 千克工业食盐，使相对密度达到 1.10～1.13。无密度计时，可用鲜鸡蛋试测，蛋壳露出水面 5 分硬币大小为宜。

5. 种子消毒　水稻生长过程发生的病害，很多是通过种子传染的如恶苗病。因此，选种以后还要消毒，以消灭附着在种子表面和潜伏在稻壳与种皮之间的病菌。各地对种子消毒的方法很多，目前常用的有：

(1) 抗菌剂多菌灵浸种　一般浸 5～7 天，活动积温达 100℃即可。

（2）种衣剂拌种　种衣剂是由农药、肥料、激素等物质组成的种子包衣剂。

（3）福尔马林浸种　种子预浸 1～2 天后，放入福尔马林（40％甲醛）50 倍液中浸 3 小时，然后用清水洗净，以免影响发芽，最后放入水中继续浸泡或催芽。

6. 浸种　经过消毒的稻种，如已吸足水分，可不再浸种，未吸足水分，在播种前仍需浸种，稻谷吸水量达到谷重的 30％（粳稻）时，就能正常发芽。达到这一含水量的时间，因浸种水温而异，一般有效温度达 100℃ 即可，北方一般用 7 天左右。浸种用水量常以完全浸没稻谷为准，且每隔 24 小时要更换一次水。

7. 催芽　浸种后，有的直接将种子播于秧田。但不如催芽后再播种，出苗整齐，幼苗生长迅速，缩短秧田时期，减免自然灾害的不利影响，有利于培育壮秧，防止烂种。催芽方法：因热源和保温方式不同，可分为堆堆催芽、温床催芽、木桶催芽、塑料薄膜催芽等。这些方法只是设备、器具不同，其原理和技术要求基本一致。催芽要求"早、齐、匀、壮"。"早"要求 2～3 天之内出苗；"齐"要求发芽率达到 90％ 以上；"匀"指白芽长短一致；"壮"即根芽粗壮。一般以破胸达 50％ 以上时摊晾在室内，逐渐达 80％ 左右时以备天气好时播种。

三、播种

1. 播种期　水稻播期主要受温度、耕作制度和品种约束。播种期最早期限为两年平均气温 7℃ 的时间，吉林省常规以 4 月 10～15 日为宜，特殊情况可以稍早些，过于早播容易引起各种育秧障碍。在生产中，要注意当时的天气预测预报，应掌握在"冷尾暖头"抢晴播种。借播后一段晴暖天气，使种子根早入土，到第 2 次寒潮来临时，秧苗已扎根立苗，不至于受低温冷害造成烂种烂芽。

2. 播种量　播种量受多种因素影响。播种量以不影响根、叶、蘖等器官分化生长为前提，作为培育壮秧的密度指标。因而播量应随着移栽秧龄的增加而递减。结合各地培育壮秧的经验，一般每年平方米播湿子 500 克左右较好。如果是简塑育秧，每孔播 1～2 粒较好。

四、秧田管理技术

1. 施足基肥，培肥土壤 北方寒冷稻区育秧都是在早春低温季节进行。土壤中的肥料分解释放均缓慢，降低了根系对养分的吸收，影响秧苗生长发育。施足有机肥，可以增加土壤中有机质和多种元素，经过微生物分解，逐步释放养分，可源源不断地供给水稻幼苗生长。同时又有改良土壤结构，培养地力，沙土变黏，黏土变暄，并能增强土壤蓄水保墒、保肥、增温的作用，还可以减轻盐碱地的危害。

2. 施好追肥，培育壮秧 一般应在 1.5～2 叶期早施"断乳肥"，在 3～4 叶期追壮秧肥。插秧前 4～7 天，施"送嫁肥"，使秧苗高碳、高氮移入本田，有利早返青。

3. 合理搭配氮、磷、钾三要素 增施氮、磷、钾可以为秧苗移栽后新器官的生长准备物质条件。氮可以加速地上部生长，减少对根的物质供给，根长变短；氮或磷增加株高；钾或磷增加根长。

第二节 旱育秧技术

一、秧田准备

1. 选好秧田 选择背风向阳、排灌方便、土质松软肥沃，尤其要选择土壤呈微酸性或中性的旱地或水田。

2. 整好秧田 最好秋耕秋整作畦，经过冬天风化、冻融，有利于土壤熟化。寒冷地区春天土壤化冻 12～15 厘米，表土定浆时刨掉根茬，浅耕 10～12 厘米。然后进行耙整，去高填低，先粗平。

3. 作畦 长 10 米、宽 1.2～1.6 米，为了操作方便，畦与畦之间要留 40～45 厘米宽的沟，以便行走。

4. 施肥　施腐熟有机肥，每平方米 5～10 千克，结合整地，土肥相融。过磷酸钙每平方米 100 克均匀撒施在床面，用四齿耙混耙。每平方米用硫酸铵 75 克，硫酸钾 50 克，可以溶化在敌克松药液中一起喷施畦面。

5. 调酸　pH 值高，影响秧苗正常生理活动，抗逆性差，易得立枯病。因此，把床上调至 pH 值 4.5～5.5 之间，适合秧苗生长。方法：用硝基腐殖酸，每平方米 0.3～0.7 千克，糠醛渣每平方米 1.5～3 千克或 5 厘米土层混拌均匀。用硫酸作调酸剂，经测试 25 千克土调到 pH 值 5 时的用酸量就是 1 平方米畦面的用酸量。方法：将硫酸缓慢地倒入 3～4.5 升的敌克松药液中（1000～1500 倍液），边倒边搅拌，以免引起爆炸。

6. 消毒　为了防治立枯病，每平方米用敌克松 1000～1500 倍液喷入畦面。

除了在苗床上直接调酸、消毒、施肥外，也可采取在整好的畦面上填铺配制好的床上的客土育秧法，或用筛过的床上 25 千克左右，厚薄一致地铺在面积为 12～16 平方米的畦面上，然后喷硫酸、敌克松、化肥混合液 3～4.5 升，床上中酸、药、肥要均匀一致。

二、播种

1. 播前浇足底墒水　用喷壶或喷灌机，在播前 1～2 天浇水。10～12 厘米耕层达到饱和状态，有利齐苗和苗期生长需要。

2. 播期　旱育苗抗寒性强，北方保温旱育苗气温稳定通过 4℃～6℃ 开始播种。

3. 播量　北方粳稻 3.5～4 叶龄秧，每平方米播 0.5～0.6 千克；5 叶龄秧播 0.1～0.15 千克；7 叶以上大龄秧，则降低到 0.05～0.07 千克。

第三节 钵盘育苗技术

一、钵盘育苗的概念

钵盘育苗是由专用钵盘代替塑料软盘或其他隔离物育苗，叫钵盘育苗。钵盘是为适应抛秧栽培所设计的育苗秧盘，由塑料板压制而成。

钵盘的规格为 60.3 厘米×32.6 厘米，有 561 个钵孔。钵孔上部直径为 18.5 毫米，下部直径 11 毫米，深不小于 16 毫米的截锥形，底部有直径 3 毫米的孔。秧苗的根可以穿过钵孔吸收置床上的水分和排出钵孔中多余的水分。每个钵孔可装土 3 克。

钵盘育苗技术环节与软盘育苗用量减少一半。移栽时全根下地，植伤轻，返青快，分蘖早，分蘖节位低，早熟高产。移栽省时省力，既可抛秧也可摆秧，适于人工和机械作业。

二、钵盘育苗播种方法

1. 种土混合播种　将种芽与营养土按比例混合均匀，装在钵盘上，用木板刮平盘面，然后浇水沉实后再覆盖一层薄薄的覆盖土。覆土时不能太多，孔穴间不能有土，以防止后期秧苗串根，影响抛秧质量。这种方法简单、省工、播种速度快，但种子在钵孔中深浅不一、出苗整齐度稍差、同时易出现个别钵体无种的盲穴。

2. 先装土后播种　先装土，浇水，然后将种子均匀地撒在盘面上，用木板把种子抹入泥中，再覆土。这种方法播种质量好，播种深浅一致，没有盲孔现象发生，但播种速度较慢。

3. 泥播法　此法适于沙性较重的地区和土壤。先把配制好的营养土和成泥状，抹入钵孔内，然后均匀播种，将种子压入泥中再覆土。此法利于沙壤土保墒和秧苗成坨。

三、钵盘育苗田间管理

钵盘育苗的管理与软盘育苗基本相同。不同之处：首先是在选种之前要进行脱芒处理，要把有芒的品种的芒和枝梗脱掉，以保证播种时不支空，好播种。其次，在苗田管理上要特别注意防治生理性立枯病。播前要浇透底水。因钵盘孔穴小，装土少，容易缺水吊干，影响出苗。秧苗出土后缺水易得立枯病。秧苗齐苗后要浇1次透水，随秧苗生长，适当增加补水次数，一般每隔1～2天浇水1次。揭膜后床土蒸发量增加，适当勤补水，防止失水干枯。抛秧前1天必须浇1次水，以便于起苗。

四、塌谷覆土

播后用木板将种子按入泥中，种子所需水、气、肥、温才能协调。塌谷后还需要覆土，以盖上种子为宜，以利保温保湿，有助齐苗。

五、插架盖膜

棚高25～30厘米，拱条间距40～45厘米，高度、间距要一致，两侧在一条线上，用竹竿把拱条连接起来，盖膜拉紧，四周用土封严，防止透风。外边还要用护膜绳拉紧固定，以防风保温。

六、温度管理

播种至齐苗，以封闭、保温、保湿、促齐苗为主。出苗后床温调到28℃～30℃，高于30℃就要通风，先打开两头，后打开中间，上午10点左右打开通风，下午3～4点盖膜保温。由第1完全叶至1.5叶期，床温应控制在25℃左右；1.5～2.5叶期控制在20℃左右；3叶展开时加大通风量，天晴无风的夜间也可以通风炼苗，使秧苗逐渐适应外界环境条件。插秧前7天左右要选择无风晴天揭膜。

七、水分管理

播种至2叶期一般不浇水，播后至出苗要注意检查床土，缺水时要补浇齐苗水。2叶至插秧，苗龄增加，生理需水增加，通风量加大，又受春天大风影响，苗床水分蒸发也快，必须补水，才能保证秧苗正常生长需要。早晚叶尖吐露珠，中午高温不打蔫，表示不缺水；中午打蔫，早晚能恢复，表示缺水，为浇水适期。

第五章　水稻栽培技术

第一节　稻田整地技术

一、旋耕为主的少耕法

我国水稻整地，世代沿用用犁耕翻，其缺点是使原来比较平整的稻田变成了高低起伏的堡块，给耙地、平整带来了困难。近年来发展了以旋耕为主，配合使用驱动耙，间隔2～3年再耕翻1次的少耕法。试验证实：旋耕机整地效果好，效率高。旋耕机是一种用拖拉机的动力输出轴来驱动，靠高速旋转的刀片，将耕层土壤疏松整平的新型耕作机具。旋耕机适用性强，既可旱旋耕，又可水旋耕。可把翻、耙、捞、平等作业一次完成。松土的同时，可将土肥混匀，并把地表上的残存根茬打入土中。旋耕后，耕深一致，地表平整，土块细碎，无生茬，不破坏地埂，可提高插秧质量，有利稻苗生长。据报道：旋耕机比犁耕翻省工，省油，降低成本38.9%，增产1.5%～10%。由于旋耕耕深较浅，在同一块地上应隔2～3年深翻一次，这样效果更好。

二、盐碱地的整地

吉林省西部由于长期的土壤变化，形成了内陆盐碱地，因pH值大和盐分含量高种植水稻困难，需要采取整地与泡田洗盐等措施降低盐分，使耕层盐分降低到0.2%以下，水稻才能正常生长。

1. 建立排灌系统　开好排水沟，降低地下水位，使水中盐分不易上升到地表层。同时又利用雨水、灌溉水溶解土壤中的盐分，使之从排水沟排掉，达到降低耕层盐分的目的。

2. 深翻晒垡　深翻可以将含盐量最高的表土翻到下层，切断毛细管，减轻盐分向表层积累，增加土壤与水分接触，以利洗盐。晒垡能使土块充分风化，促进盐分析出，易于溶解洗出，避免"闷碱"。

3. 泡田洗盐　整平地后泡田洗盐，水层深浅一致，洗出盐碱，降低耕层土壤盐分含量。

4. 结合耕耙或旋耕作业　在泡田洗盐同时进行耕耙或旋耕作业，可使耕层土壤的盐分较快地溶解在水中，提高脱盐的效果。

第二节　移栽技术

一、移栽期的选择

水稻移栽期和前茬作物熟期、品种、气候条件、土质、秧龄、育秧方式、机械化程度、劳力安排等，都有密切关系。一般情况下，温度是决定能否插秧的关键。实验证明，日平均温度≥13.5℃是移栽期的最早温度界限。返青主要受水温影响，水温18℃时，根伸长较快。因此，水温18℃可以作为插秧的适期标准。在以上温度范围内，适时早插是水稻栽培的重要增产措施之一。全国各稻区达到上述温度指标的时间早晚不同，一般低纬度早于高纬度；同一纬度地区，平原早于山地，阳坡地早于阴坡地。

二、栽插基本苗的确定

栽插基本苗受多种因素影响：叶片松散型品种宜稀，紧凑型宜密；生育期长的品种宜稀，生育期短的宜密；大穗型品种宜稀，多穗型宜密；壮秧宜稀，弱秧宜密；早插宜稀，晚插宜密；地肥宜稀，地瘠宜密。

三、栽插规格的确定

单位面积基本苗数确定后，插秧规格所造成的株行间光照、营养、通风、湿度等田间生态环境的不同，对产量因素的构成也产生一定的影响。在生产实践中，往往通过移栽基本苗密度和插秧规格来调整群体与个体矛盾。吉林省从安全出穗期和利于优质无公害栽培的角度多是采用宽窄行的方式进行插秧，多以 313～320 厘米为主。

四、插秧质量要求

（1）浅插　移栽深度，是影响移栽质量最主要因素。浅插以不倒为原则，深不过寸（3.3 厘米），使秧苗根系和分蘖处于通风良好、土温较高、营养条件较好的泥层中，秧苗返青快、分蘖早。深插分蘖节处于通风不良、温度较低的泥层中，除造成返青慢、分蘖晚外，还会出现"二段根"或"三段根"。

（2）减轻植伤　移栽过程中受植伤，影响返青和分蘖。在移栽中必须减轻受植伤的程度，其措施主要是提高秧苗素质，增强抗逆性能，保护秧苗根系。带土移栽比铲秧移栽根系受伤轻，铲秧比拔洗苗伤轻。同时还要注意避免高温时移栽，强调边拔秧边移栽，不插过夜秧。另外，还要注意插直、插匀。

五、机械插秧技术

机械插秧是水稻生产机械化的主要方式，它具有省工、省力、及时、有利增产等优点。机械插秧技术包括：机插育秧配套技术、机械插秧的整地技术和机械插秧 3 个环节。

1. 机插秧苗的标准　利用工厂化盘土育秧或简易规格化育秧技术培育秧苗。其标准如下：

（1）叶龄和株高　小苗 2～3 叶，株高 8～12 厘米；中苗 3.1～4 叶，株高 13～18 厘米；大苗 4.1～4.5 叶，株高 20～25 厘米。

（2）分布均匀　小苗每平方厘米 3.5～4.5 苗；中苗每平方厘米 1.8～2.5 苗；大苗每平方厘米 1.2～1.7 苗。边角整齐密度均匀，才能不漏插。

（3）根系发达　土厚 2.5～3 厘米，根系发达，盘结成毡状，不散盘。

（4）抗逆性强　粗壮、叶挺，干物重较高，发根力强，抗植伤。

（5）秧片湿度适宜　过湿，机器振动引起秧片变形，下滑受阻，造成漏插；过硬，分秧困难，易使秧爪损坏。

2.提高整地质量

（1）保证耕地质量　耕地深浅一致（10～20厘米），不漏耕，不重耕；稻茬或绿肥覆盖好，耕后田面平整，田边四角整齐。

（2）保证耙地质量　耙地深浅一致（10～12厘米），表土细碎，耕层松软；地平，高差不过寸，埋压根茬好，起浆适当；软硬适中，田泥过分稀烂，应延长沉淀时间，避免插秧接行淤泥盖苗。

3.机械插秧要点　一是行走要直，接行宽窄一致。二是田边要留出一行插幅，便于出入稻田，插后整齐，不用补插边行。三是秧片接口要整齐，减少漏插。四是秧片水分少，要在秧箱中加水保持下滑顺利，防止漏插。五是漏插行段，要注意补苗秧片，随漏随补，减少漏插、漂秧、勾秧和伤秧，一般允许漏插率为5%。

六、抛秧移栽技术

抛秧种稻省本节能，减轻劳动强度，工效高，相当于机插效率，可以适时早插，抢农时；返青快，分蘖早，节位低，有效分蘖率高；技术简便，操作容易，能适应各种地形地块，在目前生产条件下，具有广阔的推广前景。该项技术仍在发展中，技术可行，但机械规格播种、机械抛秧等技术环节尚需完善。

1.育秧方式　目前北方多是塑料软盘育秧，不同于南方的江苏农学院的塑料软盘泥浆湿润育秧、湖北孝感旱育大苗等方式。

2.抛秧技术

（1）本田整地　要求本田平整，汪泥汪水。地不平，高处地埂无泥浆，秧苗扎不进泥中易倒苗，洼处积水易漂苗。整地重点是要求平烂，可以先旱粗整，后水细整，高差不过寸。

（2）适浆抛秧　烂泥田或旱改水田整地后若泥浆过烂，可沉淀适浆后再抛秧，防止入泥过深。沙土地在水整地时，边搅拌泥浆，边抛秧。防止入泥过浅倒秧。

（3）抛秧时机　抛秧期与插秧期基本相同，一般抛秧都安排在插秧适期。当气温稳定通过 15℃时可以抛秧。

（4）抛秧密度　抛秧以每平方米 25～30 穴为宜。抛秧返青比插秧早 4～5 天，分蘖早节位又低，分蘖多 30％，有效穗多，密度可以比插秧稀些。

（5）拔秧与分丛　床上含水量以 20％～30％为宜，过湿时拔秧营养块易粘在一起，分丛困难，抛秧不均；过干时秧苗失水过多影响返青。要随拔秧，随抛秧，严防秧苗萎蔫。

（6）抛秧方法　用手抓住秧块向空中抛出 2 米高左右，秧苗靠自身重量自由下降扎入泥中。待全田抛好后，每隔 3～4 米留约 30 厘米宽的空幅带条，将空幅内秧苗抬起抛在稀处。同时还应疏密补稀，使全田抛秧均匀。

3. 稻田施肥技术

（1）前促、中控、后补法　重施基肥（占总量 80％以上），并重施分蘖肥，酌施穗肥，达到"前期轰重起，中期稳得住，后期健而壮"的要求。这种施肥方法，主攻穗数，适当争取粒数和粒重。凡是生育期短的地区和品种，如东北地区的早熟种、南方早稻大部分、华北地区麦茬稻大都采用这种施肥法。中稻也采用这种方法并增加对穗肥的施用。

（2）前轻、中重、后补足法　适时施用基肥和分蘖肥，合理施用穗肥，酌施粒肥，以达到早生稳长，前期不疯，中期促花，后期不早衰。这种施肥方法，在保证足够穗数基础上，兼攻大穗和粒重。南方单季晚稻和迟熟中稻多采用这种施肥方法。

（3）前稳攻中法　是一种省肥、稳产、高产的施肥方法，主要是依靠提高有效分蘖率、攻大穗、提高结实率、增加粒重争高产。其特点：壮株大穗小群体，前期控蘖壮秆强根，中攻大穗，中后攻结实率和粒重。它的肥力是在中期或中后期。我国广东"秧苗促根攻胎壮粒"的高产技术就属于这种施肥方法。具体做法：增强有机肥以提高地力，以叶色(绿豆青)作指标，栽后增1片叶时施分蘖肥，5～7天又施壮蘖肥。穗分化时，以有机肥为主，配合磷、钾保蘖促花；枝梗分化期，667平方米施硫酸铵5～7.5千克促花；花粉母细胞形成期，667平方米施硫酸铵4～5千克，保花增粒重。适用于晚茬口、肥力一般的田块。

4. 稻田灌水技术

(1)浅水插秧　插秧时，要有一层瓜皮水，这样可以掌握株行距一致，插得深浅一致，插得浅，插得直，不漂秧，不缺穴，返青也快。

(2)深水返青　插后要立即灌深水，有利返青。因拔秧时，拔断、拔伤根，叶片也受到不同程度的伤害。插秧后，根据吸收能力较弱，新根又没有长出，而叶面的蒸腾作用仍不停地进行，往往造成水分支出大于收入，叶片变黄，甚至出现凋萎等现象。供水不足，严重时秧苗枯萎死亡；轻则延长返青时间，对水稻生长不利。水层以苗高的1/3为宜，不仅保证生理需水，而且还能调节生态环境。在高温时，可以减少叶面蒸腾，保持叶片不干枯；在低温侵袭时，可以防寒保温，避免冷害。返青后，要及时排水进行湿润灌溉，以利发根。如有寒潮侵袭时，应灌深水保温护苗，寒潮过后，立即排水。

(3)分蘖期浅水与湿润灌溉相结合　分蘖期稻株地上部、地下部均迅速生长，蒸发量与蒸腾量均较大，需要水分较多。而地下部根的生长不仅需要足够的水分，还需要充足的氧气。为了保证水分与氧气的供应，最好是浅水与湿润灌溉相结合。这样可以提高水温、土温，又有充足的氧气供根生长；根系发育好，吸收能力强，有利早分蘖，多分蘖，能够争取较多的大穗。

(4)分蘖末期晒田　水稻分蘖末期，已处于营养生长与生殖生长的转化期，群体处于分蘖高峰期，争光、争肥的矛盾激化；

而个体既要生长营养器官(上部叶片生长,茎秆伸长),又要生长生殖器官(幼穗分化),同时根系还要伸长。为了协调这些矛盾,而又根据水稻在此期耐旱较强的特性,在生产上一般均进行排水烤田。

(5)穗分化到抽穗期浅水勤灌 穗分化到抽穗期是穗器官形成时期,也是水稻一生中生理需水的高峰期,其需水量约占全生育期40%,需以浅水勤灌为主。

(6)抽穗开花期浅水灌溉 水稻抽穗开花要求空气的相对湿度为70%～80%,因此需要稻田保持一定水层。除能直接保证生理需水外,还能调节土温,提高空气湿度。若受旱,轻则延迟抽穗或抽穗不齐,重则形成所谓"卡脖旱",湿度过低,花粉和柱头受旱,失水,则不能进行正常授粉,形成秕粒。抽穗开花期,稻田保持3～5厘米浅水层合适。

(7)乳熟期干干湿湿,以湿为主 抽穗后,水稻开花受精,子粒开始灌浆,争取粒重和防止叶片、根系早衰,是这个时期的主要矛盾。通过"干干湿湿,以湿为主",以水调肥,以水调气,以气养根,以根保叶,才能达到青棵活熟,子粒饱满。

(8)蜡熟期水分管理 水稻进入黄熟后,需水减少,一般不再灌溉。前期最好保持土壤有80%左右的含水量,以不间断叶、叶鞘、茎养分输送和子粒的干物质积累。细胞里含水量充足,会延缓作物的衰老过程。对南方双季晚稻、北方单季稻适当延迟排水,增加土壤湿度和温度,延缓叶片衰老,增加粒重具有重要意义。南方双季稻区,为了不影响早稻收获后及时整地和尽快栽插晚稻,即使早稻蜡熟期,仍不能使土壤过干,而需有一定水分。

第六章 水稻栽培新技术

第一节 节水种稻技术

一、水稻节水栽培的意义

一是节省水资源的需要。水稻是世界上第二大粮食作物，是世界约 1/3 人口的主食，显然，水稻生产对于有效地保证人类的粮食安全尤为重要，并且有利于更好地发展人类的饮食结构。我国是世界上 13 个贫水国家之一，人均年占有水量仅为 2340 立方米，年耕地占有水量 21 900 米³/公顷，分别为世界平均值的 1/4 和 1/2，而且时空和地理上分布不均匀。南方的水量为北方的 4.4 倍，耕地占有水量为北方的 9.1 倍。农业是用水量最多的部门，约占总用水量的 80％以上，而水稻又是农业的用水大户，用水量占农业用水量的 65％以上。北方各大水库蓄水量严重不足，水稻栽种面积大幅度减少。有着"贡米之乡"之称的北方粳米以晶莹的外观、丰富的营养、上佳的口味，受到国人的偏爱，而且出口日本、韩国、土库曼斯坦等国家。因此，为稳定水稻面积和产量，必须实施水稻节水栽培，更好地改革北方粳稻的种植方式，利用有限的水资源生产更多的稻谷来满足消费者的需要。

二是水稻高产稳产的需要。长期以来，人们一直有一个错误的认识，以为"水稻、水稻必须水里泡"，"种水稻水就越多越好"。其实不然，在一定的范围内，水量多少不一定与产量呈正相关。在水稻一定的生育时期，在特定的土壤和气候条件下，减少灌水量，浅水与晒田可以改善土壤气体交换，有利于根系的发育，对生长十分有利。在分蘖期浅水可以增温保蘖；拔节期，深水易使节间拉长，增加株高，增加了倒伏性。通过节水栽培，有效地改善了水稻的生育环境，减轻了倒伏、早衰、病虫害等问题对水稻产量的影响，使水稻地上部与地下部保持最优生育状态，产量构成因子结构优化，高产目标得以实现。

二、水稻节水栽培方法

水资源匮乏是限制北方粳稻发展的主要因素，为了解决这一问题，农业科研院所经过多年的研究，总结出一系列节水种稻技术。如通过硬化渠道实施工程节水、采取免耕、湿润灌溉的专用水的管理用水。采取适宜的育苗、插秧及灌溉方式的农艺节水、通过选育抗旱品种实行生物节水、利用化学抗旱剂进行化学节水。其原理：一是减少地下渗漏；二是减少生态应该坚持因地制宜，各有侧重，综合运用抗旱高产优质新品种和杂交稻新组合、旱育带蘖壮秧、少免耕全旱整地、节水栽秧、浅、湿、干交替间断灌溉、施用新型长效复合肥与合理经济施肥、应用化学节水剂与化学调控技术、节水稻田化学除草及秸秆覆盖与避旱栽培、调节种植制度等节水栽培技术，最终达到既节水又高产的目的。

三、节水灌溉技术

节省灌溉用水是节水种稻最关键的技术，要把灌溉水节省下来要抓住以下技术关键：

1. 精细整地　插秧前地耙得如何对灌溉用水影响最大。地耙得细，特别是井灌田和漏水田务必要把地耙得细而再细，一定要形成泥浆，这样经过沉淀后，保水性就会特别好。灌一次水可保5～7天，如果地耙得不好，灌一次水只能保2～3天，这样就要增加灌水次数，增大灌水量。精细耙地确有事半功倍的效果。

2. 依据水稻的不同发育阶段的需水规律灌水　水稻在插秧后，返青阶段正处于春季少雨干旱期，空气湿度低，蒸发量大，秧苗耐旱能力差的阶段，特别是盐碱地稻区秧苗需水量大，此间一定要保持水层，适当增加灌水与次数，每次灌水5厘米左右，促进返青和分蘖。水稻进入幼穗分化期后，代谢作用增强，叶面积最大，而此时正值北方稻区温度最高季节，蒸腾蒸发量大，因此是水稻生理需水最多的时期，此期一定要适当增加灌水量。在其他生态阶段则可以干湿交替，特别是在幼穗分蘖前半个月时间可以充分晒田，减少灌水量。

四、湿润灌溉技术（无水层栽培）

传统水稻栽培，均是保持田间有水层，即使采取节水种稻，保持水层的时间也在 100 天左右。无水层栽培则与水层栽培不同。在水稻一生中不建立水层。保持脚窝水或田间持水量 80%。要做到这一点，首先要选择耐旱、耐盐碱品种。第二要精细整地，增加土壤的保水性。特别是非盐碱地最适合无水层栽培。无水层栽培的另一种方法就是覆盖栽培，包括地膜覆盖或稻草覆盖等技术。无水层栽培法，除了省水外，还可减轻病虫害的危害，减少土壤养分的损失，降低成本，增加效益。建立全生育期无水层栽培模式，在保证水稻必要的生理和生态需水的前提下，提高水分的利用率，把现行水稻灌溉用水量节省 30% 以上，既可以把节省下来的水用于扩大稻田面积上，又可以大大降低了灌溉成本。据辽宁省稻作所研究：无水层栽培实行分期灌水，共灌水 12 次，整个生育期灌水 6750 米³/公顷，正常管理基本上每 2～3 天灌水 1 次，整个生育期灌水 10 500 米³/公顷。无水层栽培比对照节水 3750 米³/公顷，节水 35.7%。无水层栽培比正常管理的水稻穗长、穗粒数有所减少，但有效穗数、结实率、千粒重增加。辽粳 454 的穗长比对照降低了 0.8 厘米，穗粒数减少了 4.7 个，有效穗数增加了 0.7 个，结实率提高了 3.6%，千粒重增加了 0.9 克。屉优 418 的穗长比对照降低了 0.6 厘米，穗粒数减少了 6.6 个，有效穗数增加了 1.0 个，结实率提高了 6.1%，千粒重增加了 1.4 克。从产量构成因子的分析可知无水层栽培比正常管理产量略有提高。产量及经济效益分析说明，无水层栽培比对照节约灌溉水 3750 米³/公顷，按水费 0.10 元/米³，节支 375 元/公顷。在地水层栽培的条件下，辽粳 454 产量可达到 9171.3 千克/公顷，比对照 8629.1 千克/公顷增产 542.2 千克/公顷、增产 6.3％，按 1.2 元/千克算，折合稻谷增收 650.6 元/公顷，总增收节支 1025.5 元/公顷，经济效益比对照增加 11.2％。而屈优 418 无水层栽培产量为 10 378.5 千克/公顷，比对照 9476.5 千克/公顷增产稻谷 902 千克/公顷，增产 9.5％，直接增收 1082.4 元/公顷，总增收节支 1457.4 元/公顷。此外，无水层栽培的稻纹枯病、稻曲病调查结果均低于对照，这对水稻的田间管理节省了大量的人力、物力。

五、生物节水栽培技术

生物节水包括筛选耐旱品种和培育耐旱壮秧两项主要技术。水稻品种间抗旱性的差异很大，不同品种对水分胁迫敏感性的反应程度不同，有的品种在正常水分条件下能表现出穗大、粒多高产特性，而在干旱少水的条件下，则生长量减小，生长发育延迟，最终不能成熟。而耐旱品种则影响较小。如杂交稻品种具有抗旱基因，在干旱条件下根系发达，茎蘖数多，生长量大，耐旱能力强。适合节水栽培。培育耐旱壮秧是生物节水又一关键技术，通过旱育苗，稀播量，使秧苗健壮，插秧后发根快、缓苗快、抗旱能力增强。

稻属多型性植物，对土壤水分状况有很广的适应范围，有的耐深水，有的则有较强的抗旱性，陆稻是最抗旱的稻变种。选育耐旱性强的高产优质新品种是生物节水技术的核心内容，就是把抗旱遗传基因导入新品种亲本中，改变其基因型，选育出抗旱性更强的特异新品种。经过大量品种比较选择表明，籼粳杂交的新品种和杂交稻新组合，籼稻亲本血缘具有抗旱性强的遗传基因，其突出优势是根系发达。它可以从土壤深层吸收水分。在土壤水分严重亏缺和缺少灌水情况下，耐旱性强的籼粳杂交品种和杂交稻新组合仍能表现出维持正常生长和受到轻微旱害影响而不会造成减产。生物节水就是利用生物体自身的生理和基因潜力，在供应同等少量水分条件下，可以获得更多的产量。

六、化学节水栽培技术

就是定量的农业化学制剂应用于水稻、土壤和水面，对水分实行有效调控。其原理是：利用有机高分子物质在与水的亲和作用下形成液态成膜物质，利用高分子成膜物质对水稻及环境进行水分调节控制，达到吸收保水，抑制蒸发，减少蒸腾，汇集径流，防止渗漏、蓄水、增水、节水和有效供水的目的。

化学节水剂种类较多：有叶面蒸腾抑制剂、土壤或地面蒸发抑制剂、水面蒸发抑制剂等。目前生产的抗旱剂1号，又叫黄腐酸(FA)，它含有生长调节剂，具有显著的抗旱节水效果。应用于水稻既可以抑制叶面蒸腾又可以促进营养生长。在节水条件下，特别是干旱缺水时，水稻生长受到抑制，生长量不足，应用化学调控技术可以取得事半功倍的效果。施用多效唑或烯效唑，可以促进分蘖，根系发达，增强抗旱能力。抗旱剂1号(FA)在本田和秧田应用是节水栽培中的有效措施，辽宁、河北、新疆及河南等地大面积应用抗旱剂1号已成为节水技术中的措施之一。东北三省、河北、陕西等省应用多效唑(MET)培育壮秧和本田应用，既有利于秧苗健壮，又有利于促进水稻增加分蘖。据各地调查，秧苗矮壮、茎部变粗、叶片增厚、叶色浓绿、根系发达、抗旱力增强，水稻分蘖始期施用后，单株分蘖数比对照增加1.4倍，根数多3~4条，根系粗壮，耐旱能力增强。

第二节　绿优米综合栽培技术

一、优质米、绿色大米、有机米概念

1. **优质米**　优质水稻经过精细加工之后的米称为优质米。首先它包括优质水稻的品质，如糙米率、精米率、整精米率、粒的长度及长宽比、透明度、垩白度、垩白大小、青米、死米、乳白米及爆腰米率等碾米和外观品质、营养品质、蒸煮和食味品质以及卫生品质。其次，优质米还包括加工后的品质和外观品质等规定标准；此外还包括加工技术、加工机械、储运等一系列标准要求，如加工精度要求，运储过程防止污染和霉变等。

2. 绿色大米　按照特定的生产方式，经专门机构认定许可使用绿色食品专用标志商标，无污染、安全、优质、营养好的大米叫绿色大米。首先是强调产品出自最佳生态环境，包括产地的空气、水质、土壤等环境因素必须经过严格监测，达标后方可认定为绿色大米生产基地，而不是简单地禁止和限制生产过程中对化学合成物资的使用。其次，对绿色大米生产实施"从土地到餐桌"全程质量控制，即生产前由定点环境检测机构，对产地环境进行监测和评价，保证生产地域无污染。第三，在生产过程中，由委托管理机构监督检查生产者是否按技术规定标准生产，检查生产资料购买、使用情况。第四，在化肥、农药的使用上，品种、数量和临界使用时间以及毒性、使用浓度的监督检查，并把生产基地按行政或自然条件，划成若干生产管理单位，登记造册，实地责任到人，监督、检查到田间，以保证生产行为由定点监测机构对最终产品进行检测，确保绿色大米的质量。

3. 有机大米　是由有机农业延伸而来的，其目的是达到环境、社会和经济效益的协调发展。有机稻米栽培非常注重土壤质量，注重系统内营养物质的循环，注意尊重自然规律，绝对不允许施用任何化学肥料和有机合成物质，如杀虫、杀菌、杀草等化学农药。强调因地制宜，因为它是以生物学、生态学为理论基础，并拒绝使用化学品的水稻生产模式。其特点：一是建立一种种养结合、循环再生的生产体系；二是把体系内土壤、植物及其他物质和人类，看作是互相关联的有机整体；三是采用土壤（生态环境）可承受的方法进行耕作。

二、优质大米、绿色大米和有机大米的主要区别

优质大米、绿色大米和有机大米都是反映大米品质的概念，但其内涵是不同的。优质大米是相对于普通大米而言的，着重于米的外观、理化和卫生等方面的品质评价，特别是偏重于食味品

质。绿色大米的评价重点则是栽培环境，要求无污染，按照绿色食品标准生产，严格控制化肥、农药的使用时期和使用数量，严格禁止使用剧毒和高残留农药。绿色大米生产更侧重于无公害和安全性，其产品则由专门机构认定，具有统一的绿色食品标志。有机大米对环境和栽培条件要求更加严格，有机大米一般采用传统方法进行栽培，拒绝使用一切化学合成物质如农药、化肥等。其产品更接近天然食品。与优质大米和绿色大米相比，有机大米由于对环境、栽培和管理条件要求特殊，因此产量更低，商品价值更高。在稻米市场上，有机大米供需数量最小、绿色大米次之、优质大米量最大。

三、绿色水稻和有机水稻生产对环境要求

加工绿色大米和有机大米的水稻生产，除严格控制化学合成物质，如化肥、农药等的使用外，还必须具备生产绿色水稻和有机水稻的环境条件。包括：

(1)灌溉水质符合《国家农田灌溉用水水质标准》，无污染，不含重金属，最好是用深井水灌溉，如用河水或库水，应确保水质无工业或生活污染。

(2)土壤要求符合国家《绿色食品土壤临界容量标准》，无污染，重金属含量不超标。

(3)优质米生产基地的空气应清洁、无污染。

(4)生产绿色水稻要求各种杀菌剂、杀虫剂和除草剂施用期和施用量不得超过《绿色食品常用杀菌剂、杀虫剂安全用量技术指标》规定的药残期和药残量，提倡使用高效、低毒的化学农药或生物农药。有机水稻生产则决不允许使用任何农药和化肥等有机合成物质。

四、优质水稻生产技术要点

稻米品质受多种因素的影响，如品种特性、环境条件、栽培管理技术等。因此，生产优质水稻应注意以下几点：

1. 选择好品种　生产优质水稻，必须选用优质品种，要求外

观品质好、直链淀粉含量低、蒸煮食味品质佳的品种。此外，还要求品种的熟期适宜、产量潜力高、抗病抗逆性强。

2. 稀播种培育壮秧，适时早播早插　健壮的水稻才能生产出优质稻谷，所谓"秧好半年稻"，育秧是关键。只有培育出壮苗，才培育出健壮的群体。同时，适时早播早插，使水稻在适宜的温光条件下灌浆充实，也有利于优质米的形成。

3. 平衡施肥　施肥种类、施肥时期和施肥数量均对稻米品质有很大影响，优质稻生产要求多施农肥，以限氮、增磷、保钾、补硅为原则，平衡施肥。特别是氮肥的施用量和施用时期，一定要严格控制。一般情况下，施氮总量越大，后期施氮比率越高，稻米的食味品质越差。

4. 科学管水　水质是影响稻米品质的重要因素之一。优质稻生产严格禁止用污水灌溉。应选择井水或无污染的库、河水为灌溉源，按照水稻生产发育需要，科学合理地灌溉，一般应采用浅、湿、干相结合的灌水方式，注意后期水分管理，不宜断水过早。

5. 以农业防治为主，化学防治为辅综合防治病虫草害　在选用抗病、抗虫品种的基础上，加强对病虫草害的农艺措施防治，如结合整地泡田打捞纹枯病菌核，减少病原菌数量；合理控制群体大小，减少中后期施肥量以控制稻瘟病；利用黑光灯诱杀稻水象甲等。在化控方面，应选择高效低毒农药，并注意施药时间和施药量，尽量避免在稻谷中残留和污染环境。

6. 适时收获防止曝晒　也是优质水稻生产的关键技术环节之一。一般情况下，水稻齐穗后 40 天左右收获，稻米的食味最佳。当然，有些灌浆速度慢、灌浆期长的品种，过早收获会对产量有一定的影响，可以适当延晚收获，但生产优质水稻应尽可能适期收获。过期不收常常会导致裂纹米和断米率增加，整精米率下降，食味向差的方向转化。

第三节　水稻机械化育插秧技术

水稻机械化育插秧技术是采用规格化育秧、机械化栽插秧苗的水稻移栽技术，主要内容包括适合机械栽插要求的秧苗培育、插秧机的操作使用、大田管理农艺配套措施等。采用该技术可减轻劳动强度，实现水稻生产的节本增效、高产稳产。

节本增效情况：采用水稻机械化育插秧技术，成本可降到20～25元/亩，加上用油、用工等其他费用，机械化育插秧总成本每亩40元左右，比人工作业（育秧32元＋栽插50元＝82元）可节省50％左右。同时采用规格化育秧密度大，秧大田比为1∶100，比人工栽插的秧大田比1∶8可节省秧田92％。实践证明，采用机械化育插秧及配套的大田管理技术合计为每亩3工·日，比人工栽插和大田管理4.7工·日可节省用工56％，社会经济效益明显。

水稻机械化育插秧技术可使秧苗定穴移栽，保证了秧苗个体的壮实和水稻群体的质量，宽行浅栽有利于通风透光，减少病虫害，以利于秧苗生根及水稻低节位分蘖，缩短返青期，增加有效分蘖，易使水稻生产实现稳产高产。

一、规格化育秧技术

规格化育秧是机械化插秧的关键，常用的方式有双膜育秧、软盘育秧及硬盘育秧3种。规格化育秧的显著特点是密度大、秧龄短，要求播种均匀、出苗整齐、根系发达、茎叶健壮、无病无杂。

1. 技术工艺流程（图6-1）。

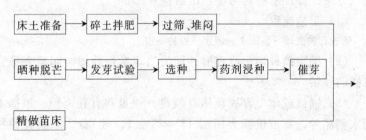

图6-1 规格化育秧技术工艺流程

2. 育秧前期准备 床土宜选择菜园土、熟化的旱田土、稻田土,采用机械或半机械手段进行碎土、过筛、拌肥,形成酸碱度适宜(pH值5~6)的营养土。每亩大田需备足营养土100千克,集中堆闷。

(1)种子准备 选择通过审定、适合当地种植的优质、高产、抗逆性强的品种。双季稻应选择生育期适宜的品种。每亩大田依据不同品种备足种子。

(2)种子处理 种子需经选种、晒种、脱芒、药剂浸种、清洗、催芽、脱水处理。采用机械或半机械手段可缩短发芽时间,提高发芽率,出芽整齐。机械播种"破胸露白"即可,手工播种芽长不超过2毫米。

(3)秧床准备 选择排灌、运秧方便,便于管理的田块作秧田(或大棚秧床)。按照秧田与大田1:100左右的比例备足秧田。秧床规格为畦面宽约140厘米,秧沟宽约30厘米、深约15厘米;四周沟宽约30厘米以上、深约25厘米。秧床板面达到"实、平、光、直"。

3. 机械播种 为了确保规格化育秧质量,必须采用机械或半机械方法。保证播种均匀度,出苗整齐。

(1)工艺流程

铺放育秧载体→装床土→洒水→播种→覆土

(2)确定播种期 适宜播种期为当地常规栽插时间减去适宜机插的秧龄。

(3)铺放载体 育秧载体有软盘、硬盘和有孔地膜。根据不同水稻品种,每亩机插大田需15~25张软(硬)盘。双膜育秧按每亩大田备足幅度 150 厘米的有孔地膜，孔距一般为 23 厘米，孔径 0.2～0.3 厘米。

根据不同育秧方式铺放不同载体。软（硬）盘紧密排放于秧床上。双膜育秧将有孔地膜平铺于秧床上，四周用木条固定，以控制床土厚度。

（4）铺底土　在育秧载体上铺放底土，土层厚 2 厘米左右，表面平整，并使床土水分达到饱和状态。装淤泥底土时，要待淤泥沉实后播种。

（5）播种　规格化育秧需精量播种。根据品种和当地农艺要求，选择适宜的播种量：一般常规稻为 120～150 克/盘、杂交稻为 80～100 克/盘。双膜育秧由于要切块切边，用种量略高于盘育秧。

播种后需覆土，覆土厚度 0.5 厘米左右，以不见芽谷为宜，覆土不宜拌肥和壮秧剂。

4. 覆膜　根据当地气候条件，搭拱棚或覆盖农膜后加盖稻草进行控温育秧。

5. 秧苗管理

（1）立苗　立苗期保温保湿，快出芽，出齐苗。一般温度控制在 30℃ 左右，超过 35℃ 时，应揭膜降温。相对湿度保持在 80% 以上。遇到大雨，及时排水，避免秧床积水。

（2）炼苗　一般在秧苗出土 2 厘米左右，揭膜炼苗。揭膜原则：晴天傍晚揭、阴天上午揭，小雨雨前揭，大雨雨后揭。日平均气温低于 12℃，不宜揭膜。温室育秧炼苗温度，白天控制在 20℃～25℃，超过 25℃ 通风降温；晚上低于 12℃，盖膜护苗。

（3）水肥管理　先湿后干。秧苗 3 叶期以前，保持盘土或床土湿润不发白。移栽前控水，促进秧苗盘根老健，如遇大雨，需盖膜遮雨。根据苗情及时追施"断奶肥"和"送嫁肥"。

（4）病虫害防治　秧苗期根据病虫害发生情况，做好防治工作。同时，应经常拔除杂株和杂草，保证秧苗纯度。

6. 秧苗标准　适宜机械化插秧的秧苗应要求根系发达、苗高适宜、茎部粗壮、叶挺色绿、均匀整齐。参考标准为：叶龄 3 叶 1 心，苗高 12～25 厘米，茎粗 2 毫米左右，根数 12～15 条/苗。

二、机械化插秧技术

机械化插秧具有定苗定穴、栽深一致等特点。

1. 大田整地质量要求　机插水稻采用中、小苗移栽，耕整地质量的好坏直接关系到机械化插秧作业质量。要求田块平整、田面整洁，田面上细下粗、细而不糊、上烂下实、泥浆沉实，水层适中。

综合土壤的地力、茬口等因素，可结合旋耕作业施用适量有机肥和无机肥。

整地后进行病虫草害的防治，并保持水层 2～3 天，即可薄水机插。

2. 秧块准备　插前秧块床土含水量 40％左右（用手指按住底土，以能够稍微按进去的程度为宜）。

将秧苗起盘后小心卷起，叠放于运秧车，堆放层数一般 2～3 层为宜，运至田头应随即卸下平放（清除田头放秧位置的石头、砖块等，防止粘在秧块上，打坏秧针），使秧苗自然舒展；并做到随起随运随插，严防烈日伤苗。

双膜育秧应按插秧机作业要求切块起秧，将整块秧板切成适合机插的宽为 27.5～28 厘米、长为 58 厘米的标准秧块。

3. 插秧作业

（1）插秧　插秧作业前，机手需对插秧机做一次全面检查调试，各运动部件应转动灵活，无碰撞卡滞现象，运动副的接触处加注润滑油，以确保插秧机能够正常工作。

空秧箱装秧苗必须将插秧机苗箱移动到导轨的一端，再装秧苗，防止出现漏插的情况。秧块要紧贴秧箱，不能拱起，两片秧块接头处要对齐，不留间隙，必要时秧块与秧箱间要注水润滑，使秧块下滑顺畅。

按照农艺要求，确定株距和每穴秧苗的株数，调节好相应的株距和取秧量，保证每亩大田适宜的基本苗。

根据大田泥脚泥度，调整插秧机插秧深度，并根据土壤软硬度，通过调节仿形机构灵敏度来控制插深一致性，达到不漂不倒，深浅适宜。

选择适宜的栽插行走路线，正确使用划印器和侧对行器，以保证插秧的直线度和邻间行距。

（2）插秧作业质量　机械插秧的作业质量对水稻的高产、稳产影响至关重要。作业质量必须达到以下要求：

①漏插　机插后插穴内无秧苗，漏插率≤5%。

②伤秧　秧苗插后茎基部有折伤、刺伤和切断现象，伤秧率≤4%。

③漂秧　插后秧苗漂浮在水（泥）面，漂秧率≤5%。

④勾秧　插后茎基部90°以上的弯曲，勾秧率≤4%。

⑤翻倒　秧苗倒于田中，叶梢部与泥面接触，翻倒率≤4%。

⑥均匀度　各穴秧苗株数与其平均株数的接近程度。均匀度合格率≥85%。

⑦插秧深度一致性　一般插秧深度在0～10毫米（以秧苗土层上表面为基准）。

三、大田管理配套技术

根据机插水稻的生长发育规律，采用相应的肥水管理技术措施，促进秧苗早发稳长和低节位分蘖，提高分蘖成穗率，争取足穗、大穗。

1. 施肥　施肥总量与当地的施肥总量相似。基肥以有机肥和无机速效化肥相结合施用；分蘖肥宜分多次施用；穗肥以促花肥和保花肥相结合，以促花肥为主。

2. 管水　栽后及时灌浅水护苗活棵，栽后2～7天间歇灌溉，扎根立苗。活棵分蘖期浅水勤灌，促发根促分蘖；有效分蘖临界叶龄期及时晒田，以"轻晒、勤晒"为主；拔节长穗期保持10～

15 天浅水层，其他时间采用间歇湿润灌溉；抽穗扬花期保持浅水层；灌浆结实期干湿交替，防止断水过早。

3. 病虫草害防治　与人工栽插水稻病虫草害防治的要求基本类同，可根据当地植保部门预测和提供的药剂配方，有针对性地防治。

适宜区域：水稻机械化育插秧技术适宜于全国水稻产区，尤其是长江流域、东北及南方丘陵的水稻主产区。

第四节　水稻轻简栽培技术

水稻轻简栽培技术是指比传统的水稻栽培有显著的省工、省力、节本、增效的水稻栽培技术，主要包括直播、抛秧、摆秧、免水耕等技术。

一、增产增效情况

水稻轻简栽培技术主要是通过简化育秧、栽秧、耕耙田的技术环节，使其达到省工、省力、节本、增效的效果。直播水稻是将水稻种子撒播到田里，提高栽种速度，节省了育秧的劳力和费用，亩省工 1.5～2 日，节省 60 元左右；水稻抛秧是采用钵体软盘育秧代替传统的苗床育秧，插秧改抛秧，减轻了栽秧的劳动强度，提高栽秧速度 5 倍左右，每亩省秧田 0.09 亩，省种 0.5～1.5 千克，增产 25 千克，节支增收 50 多元；水稻摆秧是通过钵盘育苗，代替传统苗床育苗，改插秧为摆秧，配套节水灌溉等技术，减轻了栽秧劳动强度，每亩省秧田 0.1 亩，节约种子 1～1.5 千克，亩增产 25 千克以上；免水耕是指水稻种植前稻田未经任何翻耕犁耙，先用除草剂灭除前茬或绿色杂草植株和落粒谷幼苗等，灌水并施肥沤田，待水层自然落干或排浅水后，抛秧或直播水稻的一项耕作栽培技术，每亩可节省翻耕费 35 元，若与抛秧、直播结合起来，计可节省 95 元，扣除除草剂及整地费用 30～40 元，每亩可节约成本 55～65 元。

二、技术要点

1. 直播水稻 大田施足底肥，耕耙土粒田平；选用生育期适宜的品种，种子浸泡吸足水分，催芽露白播种；可用干种拌种衣剂播种，防治地下害虫，提高出苗率；一般亩播种量杂交稻为1~1.5千克，常规稻3~4千克；播种后喷施化学除草剂封闭，分蘖期如杂草较多可再施一次化学除草剂；3叶期追施分蘖肥；秧苗在2叶期查苗间苗，疏密补稀；中期适当露田晒田，防止无效分蘖；适施穗肥，及时防治病虫害。

2. 水稻抛秧 采用钵体软盘或无盘旱床加旱育保姆培育出带土块的矮壮秧苗，便于抛栽；大田要施足底肥，整地要求田平土烂；抛秧要量足苗匀，南方稻区亩抛2万~2.2万穴，基本苗杂交稻为4万~5万苗，常规稻6万~8万苗；北方稻区亩抛1.8万~2万穴，5万~6万基本苗；大田每隔3~5米留一条宽30厘米的工作沟，抛秧后5~7天化学除草；亩施肥总量纯氮量的40%作底肥，60%作追肥；当茎蘖数达到计划穗数80%时露田晒田，控制无效分蘖；中后期间歇灌溉，保持田面湿润，及时防治病虫害。

3. 水稻摆秧 选用优质高产良种，采用钵体软盘培育带土的矮壮秧苗；整地要求田平土烂，达到高低不过寸，寸水不露泥；摆秧采用9×3~9×6，亩摆秧1.6万~2.2万穴；本田施足底肥，每亩施肥总量为纯氮12~15千克、五氧化二磷5~7千克、氧化钾7.5千克，氮肥总量40%做底肥、60%做追肥。灌溉采用浅、湿、干(晒)节水灌溉模式。

4. 水稻免水耕技术 选用适宜于水稻免水耕栽培的高产品种和确定与稻作生态区相适应的稻作模式；化学除草灭茬和软化处理(包括：选择适宜的除草剂灭茬，喷药前免耕田块的处理，喷药后免耕田块的泡田松土等)；培育壮秧，抛栽或采用直播栽培；加强田间管理。

适宜区域：水稻抛秧和摆秧适宜在全国各个稻区应用，但要求有充足的水源；直播水稻、水稻免水耕栽培适宜在南方稻区应用。

第五节　水稻超高产栽培技术

北方水稻超高产栽培技术的高产高效机制是发挥一季稻个体生产潜力，节水节肥，提高水肥利用率。

一、技术要点

以旱育秧为其核心技术。技术要点是：

1. 苗床选择　选择地势平坦、排水方便、背风向阳的肥沃旱地或菜园地作旱育苗床。

2. 苗床准备　要求苗床土层细碎、松软、平整、肥沃，播前1~2天施壮秧剂于表土层中并浇足底墒水。如果苗床 pH 值在 7 以上要进行苗床调酸，一般每平方米苗床均匀施入硫黄粉约 100 克，使 pH 值下降 1.0 左右。

3. 播种　旱育中小苗播种量 150~300 克/米^2，大中苗播种量 150 克/米^2 以内，播后均匀覆一层 0.5 厘米厚的过筛疏松细土，并喷施除草剂防除杂草。

4. 苗期肥水管理　育苗期以控水为主，促进秧苗根系下扎和地上部健壮生长。如早晨叶尖吐水少或无水株，可在上午或傍晚浇水，以洒水湿透土层 3 厘米为宜。苗期一般不施肥，拔秧前 3~5 天可施"送嫁肥"，一般为每平方米施尿素 10~15 克或复合肥 15~20 克。

二、具体技术

(1)采用塑料薄膜、专用无纺布覆盖旱育秧苗，每平方米播种量控制在 200 克以内。

(2)本田移栽规格 30 厘米×（16.7~20.0）厘米稀植或（40厘米＋20 厘米）×16.7 厘米大垄双行稀植。

(3)亩施标准氮 60~70 千克，磷酸二铵 10 千克，硫酸钾 10

千克。

(4)本田浅、湿、干间歇节水灌溉。

(5)综合防治病虫草害。

适宜区域：北方一季稻超高产栽培技术适于在东北稻区、华北稻区和西北稻区推广，其中吉林北部和黑龙江宜采用大、中棚塑料薄膜覆盖。

第七章 稻田养殖共作技术

稻田养殖是指利用稻田的浅水环境辅以人为措施，既种稻又养蟹、养鱼、养禽等，以提高稻田单位面积生产效益的一种稻田种养结合技术。稻田养鱼、养蟹、养禽等，可以充分利用稻田良好的生态条件作为鱼、蟹、鸭的生育环境，让其清除稻田杂草和部分害虫，改良土壤，增加水稻产量；同时水稻又为其生长、发育、觅食、栖息等生命活动提供良好的环境，达到稻蟹、稻鱼和稻鸭等互惠互利，实现水稻无公害生产，从而提高稻田生产的经济、生态和社会效益。

第一节 稻鸭共作技术

稻鸭共作是以水田为基础，以种稻为中心，家鸭野养为特点的自然生态和人为干预相结合的生态系统，是根据水稻各生育期的特点、病虫害发生规律和役用鸭的生理、生活习性及稻田饲料生物的消长规律四者有机结合起来的一项种养结合技术体系。是目前发展无公害优质稻米生产，实现农业可持续发展的重要技术之一。

一、稻鸭共作基本要求

1. 田块选择 应选择无污染、水资源丰富、地势平坦、成方连片的地块作为稻鸭共作区。为了使稻田能灌 10 厘米的深水，所有田埂必须加高到 20 厘米，加宽成 80～100 厘米，便于鸭子休息与保水。

2. 水稻品种选择 选择大穗型株高适中、株形挺拔、分蘖力强，抗稻瘟病、稻曲病，同时熟期适中，能避开二化螟、三化螟为害的高产优质品种。并要求培育适龄壮苗（秧龄在 30 天左右、叶龄 4～5 叶）。

3. 役用鸭的选择　适于稻鸭共作的雏鸭品种，最好选用役用鸭品种，如湖南做县麻鸭、湖北荆江鸭、江苏高邮鸭和安徽巢湖鸭等。这些鸭中小型个体，成年鸭每只重 1.25～1.5 千克，放养于稻间穿行活动灵活，食量较少，成本较低，露宿抗逆性强，适应性较强；公鸭生长快，肉质鲜嫩；母鸭产蛋率高，农户喜欢放养。目前，有些单位如江苏镇江市水禽研究所，正致力于家鸭与野鸭杂交工作，培育生命力旺盛、抗逆性、适应性更广的中小体型良种鸭，在江苏大面积应用后，表现出较强的优势，满足了稻间放养的需要。

4. 役用鸭育雏　雏鸭是指从出壳到 21 日龄的幼鸭。按照稻鸭共作要求，长江中下游地区一般栽秧在 6 月中下旬。雏鸭出壳也应在这个时间。由于刚出壳的雏鸭对环境适应能力差，必须人为创造适合雏鸭生长发育所需要的条件，以培育健壮的雏鸭放入稻田，适应稻鸭共作生态环境。鸭的孵化期一般为 28 天，适宜放入稻田的苗鸭一般以 7～10 日龄为宜。因此，稻鸭共作农户只要大致确定栽秧日期，即可以向前倒推 35 天，确定为种蛋入孵期，并依此向孵坊、鸭场订购苗鸭，同时做好育雏准备工作，如育雏室、运动场、驯水池等，以培养适宜稻鸭共作条件的役用鸭。

二、养鸭技术

1. 放鸭的条件和时间　栽秧后水稻一活棵就要尽早放入鸭子，这是由稻田杂草的发生规律所决定的。一般水稻栽插后杂草就陆续出苗，插栽后 7～10 天出现第 1 次杂草萌发高峰，这批杂草主要是稗草、千金子等禾本科杂草和异型莎草等 1 年生莎草科杂草；插栽后 20 天出现第 2 次萌发高峰，这批杂草以莎草科杂草和阔叶杂草为主。由于前一高峰期杂草数量大、发生早、危害大，是防除的主要对象目标。所以稻鸭共作要想达到较理想的除草效果，稻田应在杂草的第 1 萌发高峰期前放大鸭子。这时杂草刚萌发，且为小草，最迟不超过 10 天就要放鸭入田。鸭舌草科、浮萍科、伞科、菊科等的多种杂草为鸭所喜食；禾本科、蓼科、莎草科的一些杂草，鸭虽不喜食，但可以通过早放鸭，经鸭反复多次的挖掘、践踏予以消灭。本田生育前期的气温比秧田稍高，杂草发生快且较集中，多于移栽后 5～7 天内大量集中萌发。此时为灭草的有利时机，以防除 1 年生杂草为主要对象，中期即分蘖期以防除多年生杂草为好。一般来说，首选晴天的上午 9～10时放鸭入田为宜，此时气温已比早晨高，而且还在升高，鸭能较好适应这种变化的气温。如果遇雨天，可适当提前或推后 1～2天。若鸭已驯水完毕，阴雨天也可以放鸭。

2. 合理放养密度　鸭在稻丛间的放养密度，既要考虑稻间饲料能保证鸭的生育需要，又要考虑取得较好的经济效益。江苏镇江等地实践证明，一般以每 667 平方米放养 15～20 只为宜，并且初期稻鸭共作以 80～100 只为一群，3000 平方米稻田为宜，技术成熟的以 150～200 只为一群，6000 平方米稻田为宜。既有利于避免过于群集而踩伤前期稻苗，又能分布到圈定范围稻间各个角落去寻找食物，达到较均匀地控制田间害虫和杂草的目的。在放养雏鸭时，最好在一群里放养 3～4 只，大 1～2 个周龄的幼鸭，以起到遇外敌时能预警，返回躲风雨能领头的作用。但是必须注意，不能在大 1～2 周龄群鸭中放入小雏鸭，以免小雏鸭受到幼鸭虐待。为了增加雏鸭的抗病能力，放养前每只鸭还需注射预防鸭瘟的疫苗。

3. 放鸭的地点和区域　放鸭入稻田，应先将苗鸭投放于简易鸭棚内的陆地上，地上铺好干稻草或稻壳，一边铺上一块张开的编织袋，其上放入雏鸭饲料(一般饲料店均可买到)。这样鸭苗经运输送到田头，投入鸭舍，虽陌生，但很快就能熟悉、适应新环境、居所，认识新家。鸭吃了饲料，很快会到水边喝水，甚至迫不及待地下水一显身手。在整块大田设置初放区很有必要。鸭刚放入稻田，先让鸭在初放区活动1～2天，以方便管理。万一遇有恶劣天气，很容易将苗鸭从初放区赶上岸来，赶至简易鸭舍。如果一下将鸭放入大田，鸭子还不认识新家，满田游耍，要抓要赶就麻烦了。初放区大小可按每667平方米配4～5平方米。1～2天后待鸭已认识了家，即可从初放区放入大田，初放区的围网不要去除，以便回收鸭子时使用。

4. 增加辅助饲料　从提高野养鸭自食其力的能力、降低成本考虑，放养后尽可能少添饲料，特别是不喂带有生长激素的配合饲料。但是，刚放养1天左右的雏鸭觅食能力差，早晚要添补一些易消化、营养丰富的饲料，以便满足早期生长发育的需要，以后逐步转向自由采食为主，适当饲喂为辅。雏鸭在放入稻田的前3天，应采用常备料自由采食的方法，即饲料台上始终要有料，但要掌握少喂勤添，以免造成浪费，特别是粉料，在加入拌料后，时间一长就会变质。3天后逐步改为一日3～4次，但在每次雏鸭采食后，食台上部要剩余一点饲料。这样可保证每只雏鸭都能吃饱，使群体生长均匀，大小一致。雏鸭放入稻田后，会很快采食水稻田内的杂草害虫和一些小动物，因此可根据稻田内天然食物的情况、鸭子的体膘情况，逐步地把鸭子的喂料次数降到1日2次、1日1次。但要掌握一个原则就是鸭子的体膘不能太瘦弱，一般采用3种方法来检查：一看鸭子在水田内活动毛色光亮，不湿毛；二摸鸭子的体膘正常，不太瘦；三称鸭子的体重略低于本品种同日龄舍鸭体重。只有保证鸭子有一定的体膘，才能保持旺盛的活力，来完成鸭子所担负的工作，否则鸭子太瘦，就没有活力去工作，甚至危及生命。可在稻田一角或田边渠道空地上建个坐北朝南能避风雨的添饲料简易棚（三面可围塑料丝网），面积约10平方米，放置浅底盛水和饲料容器若干个，每天早晚一边把水和碎米、麦、菜等新鲜的饲料放入容器。一边呼喊（吹哨子或敲锣、击鼓等）驯化雏鸭汇集采食，培养鸭子"招之即来"

的习性。鸭放到稻田 20 天左右，把水田预先繁殖的绿萍放养到稻间，形成稻、鸭、绿萍的自然生态体系，绿萍又有固氮功能，老化后是水稻优良的有机肥。

5. 外敌防护墙建设　稻田放养的鸭群，除了空中的鹰、乌鸦等飞鸟有时袭击幼鸭外，地面的黄鼠狼、蛇类、鼠类、野猫、狐狸和狗等也会危害鸭子。在日本以专用脉冲通电栅栏围隔，但成本较高，我国各地以 4 指规格尼龙丝网沿田埂围隔为多，成本较低，每 667 平方米为 13～15 元，一可防鸭外逃，二可防外敌侵害，围的高度以 0.6～0.8 米为宜，并按每 2 米左右插一根小竹竿支撑。有些则可利用放养田四周的自然河、塘、墙等阻隔。

三、稻鸭共作阶段协调技术

1. 适期移栽和放养　水稻移栽期因中、晚稻而有差异，当早育秧龄 30 天左右，叶龄 4～5 叶，苗高 20～30 厘米时即可整田移栽。适龄壮秧苗，移栽后扎根返青快，10 天左右始蘖，可以放入雏鸭，雏鸭孵化出壳后，经驯水 5～7 天就可放到稻丛间生活。

2. 栽插规格　水稻种植方式和密度，既要有利于鸭在稻丛间的活动不伤害稻苗，又要有利于高产的要求。水稻栽插密度不宜过大，应适当稀于常规的种植密度。一般采用宽行、宽株的栽插方式。株行距以 30 厘米×30 厘米为宜，也可以采用各穴间距 30 厘米蜂巢式正六边形种植方式，这样可适当提高单位面积的株数，充分提高光能利用率和土地利用率。每 667 平方米栽 1 万～1.2 万穴，每穴 2～3 苗，基本苗 5 万～6 万。这样的株行距配置，不仅有利于水稻的高产，也有利于鸭在株间穿行，稻鸭共作的各种效果可以更好地发挥出来。

3. 生物防治病虫草害　就水稻主要害虫而言，鸭均有较好的控制效果，稻间害虫主要靠鸭捕食害虫，辅以高效的生物农药。但对二化螟造成的白穗为害，防治效果却不够理想。这是因为二化螟卵块产于植株叶片中上部，而此时水稻植株已较高，鸭子已经够不着，另外蚁螟孵化后，即蛀茎为害，造成枯心和白穗，鸭再有本事，也无能为力。但稻鸭共作防治二化螟虫为害的办法仍不能用化学农药喷洒，否则就失去了稻鸭共作生产无公害稻米的意义。目前比较好的办法是应用频振杀虫诱杀螟蛾，从而减轻落卵量。例如长沙市秀龙实业公司的示范基地，在早稻秧苗移栽前7天，或直播田鸭放养进去之前7天左右，喷"好米得"预防稻瘟病；在纹枯病发生初期用12.5%"纹霉清"防治；在稻纵卷叶螟为害初期用"千胜"粉剂喷治。这些药剂对水稻和鸭的生育没有毒害。也有在4公顷稻田间设置一盏捕虫灯(设在灯下周围5米左右不种作物的地点上更好)，以诱杀害虫蛾类。由于鸭在稻间不断采食和踩踏，田间杂草明显减少。对3叶期前的稗草，由于苗矮嫩，不易扎深，易被鸭踩入泥中或浮于水面而死亡。

4. 水分管理　鸭放入稻田之前，一定要调节好水层，以3～5厘米的浅水为宜。栽秧后，适当灌深，水有利于秧苗活棵，栽后5～7天水会因蒸发、渗漏变浅。此时，要根据稻田水层情况适当加以调整，以利放鸭。水太浅，鸭子无法下水活动，可能浑身是烂泥，水太深，水温不易上升，鸭子小，浑水效果差。此外，水太浅，鸭子易遭天敌袭击，而有水层，一些不善水的陆生天敌只能望而却步。而有水后，鸭子能游耍，其运动速度大大快于在陆地上行走，防御敌害的能力大为增强。适当的水深，就是让鸭子既能在水面上浮游，也能在水里行走的深度。通过多观察鸭子在稻田中的活动情况，就可以较好地掌握水层的深浅。

稻鸭共作期间既要考虑到水稻的生长需要，又要考虑到鸭子的生长，尤其是鸭子做工的需要。要求栽秧后一直保持有水层，中途不搁田(烤田)，直至抽穗灌浆。通常在水稻收获前20天左右才排水搁田，这一点，有别于现行的水稻栽培中的水浆管理。可通过分片搁田的办法来解决：即在一片田中拉一道尼龙丝网，其中一半稻田内保持水层，把鸭赶进去，另一半排水搁田，搁好田后灌水，再将鸭赶到这一半稻田，让另一半稻田排水搁田至达到要求为止。或者把鸭赶到田边的河、塘内过渡3～4天；没有这种条件的可在栅田边挖池储水,以供鸭临时饮水洗澡,平均每5~6只鸭有1平方米面积,深度以0.5米为宜。

5.肥料施用　稻鸭共作原则上不施化学肥料作基肥和追肥,在地力不足时,可施一些有机肥料。但随着农业劳动力的转移、社会的进步,要恢复原来的积造有机肥、草塘泥可能性很小。因此,稻鸭共作完全做到不施用化肥、农药、除草剂,实现严格意义上的有机稻米生长,在地力、肥料上可以采取以下措施:

(1)水旱轮作。夏秋种水稻,冬种油菜、绿肥或秋冬种蔬菜,如包菜、洋葱、土豆等。

(2)不单纯种植绿肥作物,可以种植一些经济绿肥作物,如蚕豆、紫花苜蓿等。

(3)把种植绿肥牧草与养畜,尤其是草食畜禽如羊、鹅等结合起来。绿肥、牧草过腹还田,以种草促养畜,以养畜增加有机肥。

(4)实施稻、鸭、萍共作。绿萍既可作为水稻的肥料,又可作为鸭的饵料。稻田放萍后,可以显著增加鸭粪的产量,增加有机肥的数量。

四、成熟鸭和水稻的收获

水稻抽穗后进入灌浆阶段,稻穗逐渐下垂,在稻丛间的鸭就会啄食稻穗上的饱满谷粒,而且一旦开始啄食稻穗,就不再去寻找别的食物。这时,就要设法把鸭群从稻间赶出,以免鸭子对稻穗造成危害,如果不及时赶出就会影响水稻产量和碾米品质。完成稻鸭共作任务后的鸭子捕捉方法可以多种多样,但要尽量简易少花工,又不影响未完全成熟的谷粒继续灌浆完熟。有两种方法:一是将群鸭引入三面有围屏(如尼龙网、竹、木、草等篱笆墙)的饲棚内,然后把留有活动拉门的一面闭合,在围棚内进行捕捉;二是把群鸭赶到大田边有一定深度(1米左右)的排水渠道或田埂上有围网的田角,并临时拉隔离网断其后路,然后逐只捕捉。

稻间放养 2 个月左右的役用鸭,每只重 1.3~1.5 千克。其中公鸭可上市作肉鸭出售,母鸭可以圈养成产蛋鸭。如在双季稻区也可将母鸭再放到晚稻田里继续觅食生长,早、晚在田头添饲棚中补充一些饲料,夜晚在添饲栅内产蛋。水稻成熟后,要适期适时收获。

第二节　稻蟹共作技术

一、养蟹稻田的建设

1. 养蟹稻田的选择　一般来说,养蟹稻田要求水源丰富,水质良好无污染,排灌方便;地势低洼,保水能力好,大旱不干,洪水不淹;田埂坚实不漏水;土质以沙壤土为宜,黏土次之。沙壤土保水性能虽不如黏土,但幼蟹的成活率及生长速度和成蟹的体色均优于黏土田块。离集镇、公路较远,环境安静,有利于河蟹的蜕壳和摄食,面积以 3000~7000 平方米为宜,利于农户独立操作。

2. 养蟹稻田设施建设　主要包括开挖环沟、田间沟、暂养池。环沟是养蟹的主要场所,沿田埂内侧四周开挖,沟宽 3 米,深 0.6~1 米,呈环形;田间沟也称蟹沟,主要供河蟹爬进稻田觅食、隐蔽之用,稻田内每隔 2.5 米左右开挖,沟宽 0.6~1 米,深 0.5 米,并与环沟相通;暂养池用于暂养蟹种和收获成蟹,在田块一边,面积占田块的 5%~7%,沟深 1 米。用于蟹活动栖息的水面积占稻田面积的 15%~20%,不宜太大,以保护水稻的种植面积。

3. 田间设置成蟹防逃设施　一般在田埂上建成蟹防逃隔离墙。用水泥板或砖块砌成两面光滑的隔离墙,墙身高出田埂约 50 厘米,这墙可以防止河蟹外逃,阻止敌害生物进田。隔离墙也可以用塑料薄膜、木板、金属网材或尼龙网、石棉瓦等材料,借助木杆、绳索而立于田埂坡面。

4. 灌排水系统 利用农田原有渠道即可，灌排水地基要夯实，不留缝隙，闸门用铁丝封好，防止河蟹逃跑或敌害生物进入。要做到灌得进、排得出，水位易于控制。

5. 人造蟹穴 可在环沟坡上离畦面 25 厘米处，每隔 40 厘米左右，用直径 12～15 厘米的扁形木棒，戳成与畦面成 15°的斜角、深 20～30 厘米的洞穴，供河蟹栖身，两边沟坡间的蟹穴，应交错位置。

6. 移植水草 从其他水域采集适当的沉水性植物移栽到蟹沟中，或把水花生扎成把，每把用小竹固定，让其漂浮于沟边。要保持蟹沟的 1/3 以上部分有水草，供蟹隐蔽、索饵，水草还能净化水质。

二、河蟹放养与管理

1. 蟹种放养 5 月中旬至 6 月上旬均可放养，放养前先在暂养池中强化饲养 7～10 天，待水稻返青分蘖后再放入大田中饲养，以提高成活率。蟹种下田前应用 10% 食盐水浸洗 20 分钟消毒，选择规格整齐、体质健壮、爬行活跃、附肢齐全、无病无伤者放养，淘汰老龄蟹。移栽稻活棵后 7～10 天或直到水稻 3 叶期，就可放养幼蟹。幼蟹的放养密度，与种源质量、水质调节、防逃除害和投饵管理等有关。一般个体重 10～15 克的幼蟹，每 667 平方米一次放养 700 只左右；体重 30 克以上的幼蟹，每 667 平方米一次放养 300～350 只；每千克 40～100 只规格的幼蟹，每 667 平方米一次放养 500～800 只；每千克 80～150 只规格的幼蟹，每 667 平方米一次放养 1000～1200 只。放养时要均匀分散，切勿集中一处投放。

2. 稻田幼蟹饲养 充分发挥稻田的资源优势，培养好天然饵料。稻田养蟹开始时，投喂蛋黄、红虫、蚕蛹粉等，以后则以米糠、谷粉、稻米、番薯、鱼粉、豆饼、虾、轧碎的螺、动物内脏等为主要饵料。5～6 月份蟹种入塘不久，水温较低，饵料应以粉碎后的精料为主，少量多次，使之吃饱吃好，尽快适应稻田环境

7~9月份为摄食高峰期，是其体积增长、体重增加的关键阶段，饵料要量足质优，新鲜适口，应以青料为主；10月份是河蟹"长膘"时期，以动物性饵料为主，应使其足量摄食，提高养殖的经济效益。投饵应定时、定位、定量。一般日投2次，时间多为上午8~9时，下午4~5时，日投饵料量为蟹体重的5%~8%，分2~4次投喂，强调多点投喂，投均投匀，使之吃饱吃足。同时，根据其昼伏夜出的生活习性，傍晚一次投喂量要占全天总饵量的60%左右。另外，脱壳前的饵料中应加入适量脱壳素，促其顺利完成脱壳过程。设专人每天巡查(特别是阴雨、大风等特殊天气更要加强)，随时查看田内的防逃设施、河蟹摄食状况、水质、水位、生育动态、是否染病等，发现问题及时采取有效处理措施。与此同时，要注意防止敌害生物入侵及污水污染。

不同时期换水次数和换水量差异很大，应及时调整、准确掌握。5~6月份期间每周换水1次，换水量占总水量的1/5~1/4；7~8月份正值高温多雨季节，易传染疾病，水质易受污染，要适当增加换水次数和数量，每周换水不少于2~3次，每次换掉全田水量的1/3。换水要求用无污染的地下水(严禁使用污水)，换水时间应在当日上午10时左右，内外水温基本相同时进行，避免换水前后水温变化过大，对河蟹生长造成不良影响。稻田水饵一般应保持5~10厘米，并随时观察水位、水质，水位过低要及时加水，水色过深应立即换水。

3. 河蟹收获   成蟹的成熟一般在9~11月份，此时可陆续捕捉，挑选成熟较大的上市，较小的放入水中喂养。最终收获期，视天气状况而定，若气温下降幅度较大，可提前收获，以防温度过低钻底泥或打洞隐居而增加捕捞的难度。一般于9月上旬~10月上旬，稻田水温在15℃~20℃为宜。依据蟹的生活习性与稻田蟹生长的特定环境，单一方法捕获一般效果不佳，综合运用以下几种方法可大大提高捕获率：一是河蟹的洞游特性，采取稻田白天加水、夜晚排水的方式进行捕捞；二是先加水、再排水，把其引进暂养池后集中捕捞；三是人工设置地笼、蟹笼或挖陷阱进行捕捞；四是利用河蟹夜晚上滩活动及趋光的生活特性，夜间使用灯光诱蟹并捕捉。

三、水稻栽培与管理

1. 品种选择　选择生育期较长的优良品种，秸秆坚硬、耐深水、抗倒伏、耐肥力、抗病害和产量高的水稻品种，如常优 1 号、86 优 8 号、华粳 3 号等优质品种（组合）。

2. 栽足基本苗　养蟹稻田栽秧后长期在深水层内，影响分蘖的发生，分蘖力较差。因此，为了保证获得一定的穗数，必须栽足基本苗，实行宽行密植，适当增加沟侧的栽插密度以发挥田边的优势。江苏省一般在 6 月上中旬左右栽插，实行宽行密植插栽，在田间沟的内侧要插双倍株，667 平方米密度达到 2 万穴左右，基本苗 5 万株。

3. 施肥技术　河蟹对化肥和农药非常敏感，如何协调稻蟹共存共生的矛盾，是取得稻蟹双丰收的关键之一。河蟹对化肥非常敏感，尤其是追肥，要求禁止使用铵态氮肥（碳酸氢铵和磷酸二铵等）。由于河蟹生育过程中不断排放粪便，因而水稻全生育期总施肥量可适当减少，纯氮控制在每 667 平方米 15 千克左右。养蟹稻田的施肥，原则上应多施用农家肥。水稻插栽前要施足基肥，每 667 平方米翻地施入人粪肥或猪粪肥 5000 千克左右，对稻、蟹均有利。用化肥做底肥时，一般可在整田前 667 平方米按尿素 20 千克和过磷酸钙 25 千克的标准，将两种肥料混合施大田中，然后翻地耙平，5～6 天后放蟹、插秧，对蟹没有危害，全年可追施 2～3 次，一般不超过 2 次，通常用尿素，尽量不用其他化肥。追肥时，先把稻田水加深到 6～7 厘米后按标准施肥。每 667 平方米追肥量分别为：尿素不宜超过 10 千克，也可以使用生物肥料做叶面肥，以充分发挥稻、蟹互利的优势，夺取稻、蟹双高产。

4. 病虫草害防治　养蟹稻病虫害较少，一般以预防为主，坚持早发现、早施药。用药要因地制宜，根据药物所需要的药效条件恰当选择。禁止剧毒农药在养蟹稻田施用。可选毒性小、污染少的药剂，并尽量降低用药量，注意用药方法。粉剂在早晨有露水时使用，水剂在稻叶上无水的情况下喷洒。养蟹稻田中的大部分鲜嫩杂草可供河蟹食用，是河蟹重要的食物资源，除草对象主要是稗草等河蟹拒食种类。除草过程应于水稻插秧前完成，蟹种入田前 10～15 天严禁施药。稻田害虫防治前务必先灌水，增高田内水位，喷药时要喷头朝上，药液尽可能喷于水稻叶面。施药应在下午 4 时左右进行，喷药后注意观察河蟹的反应，并要及时换水。在实行综合防治、尽可能减少用药次数的同时，要采用优质、广谱、低毒、高效的防治病、虫、草害的药剂，以免对河蟹产生不利影响。

5. 水层管理　始终保持水层清新和良好的水质是稻田养蟹的关键。因此，稻田要维持水层 10～15 厘米，还要经常注入新鲜清洁水。养蟹稻田一般不需搁田，这是因为养蟹稻田一直维持深水层，稻田中的河蟹不停地摄食，吃掉杂草，其粪便排在稻田里，为稻田增加肥力；蟹的钻泥活动，使氧气能进入耕作层深处，加速了有机肥料的分解。同时由于养蟹稻田水分较深，一部分无效的分蘖幼芽被当饵料给河蟹吃掉，另一部分幼芽则因得不到充足的氧气和光照而闷死在水中，达到壮秆控制无效分蘖的目的。但适当搁田，尤其是中期搁田，是使植株粗壮、根系发达、控制无效分蘖的重要措施。养蟹稻田晒田是指养蟹稻田中已开挖了水沟，只要在搁田的前将蟹集中到水沟中，并保持一定的水位，就可以搁田，做到搁田、养蟹两不误。

第三节　稻鱼共作技术

一、养鱼稻田的建设

1. 田块选择　必须选择水源充足、水质良好、保水能力较强、排灌方便、阳光充足无污染的田块养鱼。

2. 稻田建设　鱼池多建在田埂边，呈方形，占田块总面积5%～8%，1000平方米田块挖小池1个，2000平方米以上的稻田可挖2～3个，深1～1.2米，与鱼沟、中心沟相通。若在插秧后秧苗返青时开挖鱼沟，占总面积的3%～5%，宽40厘米、深50厘米，根据稻田大小可挖成"十"字形或"井"字形，并连通鱼池。可用挖鱼池取出的土，加固、加宽田埂，使灌排水田都有防逃设施。

3. 消毒和施肥　冬季农闲季节，开挖好鱼池、鱼坑。如为上年养鱼的稻田，最好要对鱼池、鱼坑等进行整修，铲除坑边杂草。放养前，排干坑、池中的水，曝晒一星期左右，然后灌水深10厘米左右，并用生石灰进行消毒，按每667平方米用生石灰50千克撒施。再过一星期后灌足水，每667平方米施300千克腐熟粪肥以适当培肥水质，4～5天后即可投放鱼种进行饲养。

二、鱼种放养与管理

1. 鱼种放养　稻田养鱼主要是鲤鱼、鲫鱼和草鱼等，不同地区可根据不同情况选择放养品种。放养鱼种要求体质健壮、无病无伤，同一批的鱼种规格要整齐。鱼种放养前还要进行鱼体药浴消毒。在插秧前就可以放养，一般提倡早放3厘米以下鱼种，因为鱼苗个体小，不会掀动秧苗。6～10厘米的鱼种，待秧苗返青后再放大。要根据鱼池的大小来确定鱼种放养数量。稻田养殖成鱼，提倡放养大规格鱼种，一般每667平方米稻田可放养8～15厘米的大规格鱼种300尾左右，高产养鱼稻田可每667平方米放养8～15厘米的大规格鱼种500～800尾。具体放养量：要根据稻田的生态条件、产量要求和鱼种规格大小适当增减。如果实行粗放养殖的，要根据稻田的天然饵料状况来确定，杂草多可以草鱼为主，草鱼占60%，鲤鱼30%，其他鱼10%；一般肥水可以鲤、鲫鱼为主，鲤鱼占60%、鲫鱼30%、其他鱼类10%；实行精养的，以草、鲤并重各占50%。在投放鱼种时，应检查运输鱼种的容器内水温与田水温度是否一致，水温相差不得超过3℃。鱼种最好放入进水口处，发现田水过肥或消毒药性尚未完全消失，鱼种不适应时，能够及时注入新水，提高鱼种成活率。鱼种放入田前，一定要经过鱼体浸洗消毒。将鱼种放在3%～5%的食盐水中浸浴5～10分钟，消毒后再放养。在放养之前应先检查田埂，进、排水口及拦鱼设施是否完整无损，发现漏洞应及时堵塞。

2. 投饵 稻田中杂草、昆虫、浮游生物、底栖动物等天然饵料可供鱼类摄食，每667平方米可形成10～20千克天然鱼产量；要达到每667平方米50千克以上产量，必须采取投饵措施。常用的种类有嫩草、水草、浮萍、菜叶、蚕蛹、糠麸、酒糟等。有条件的可投喂配合颗粒饲料。投饵要定点、定时、定量，并据摄食情况调整投饵量。一般在饲养的初期，由于田中天然饵料较多而鱼体也小，可不投喂，中期少喂，以后逐渐增加；后期随气温下降，鱼的摄食量逐渐减少，当水温下降到10℃以下时，即停止投喂。在长江中下游流域，5～6月份，每667平方米每天投喂精饲料1.5～2.5千克、青饲料8～12千克；7～9月底，每667平方米每天投喂精饲料3～5千克、青饲料18～25千克；10月份以后逐步减少。青饲料要鲜嫩，并以当天吃完为宜。做到"四定"投饵：一定质，即所投草料要鲜嫩，精料要无霉变，粪肥要经过发酵处理；二定量，即投饵量以掌握在当天吃完为好；三定时，即以上午6时。下午5～6时投饵为宜，中午切勿投饵；四定位，即投饵的位置以选择在鱼凼内为宜，因鱼凼内水位较深，便于鱼类集中摄食，同时也为清除残饵及鱼类的粪便提供了方便。

3. 水位和水质管理 要根据水稻和鱼的需要管理好稻田里的水，调节水位和水质。在水稻生育期间按水稻栽培技术要求进行，在排水晒田期间，鱼在池内生长，不受影响，水稻拔节后，可逐步加深田水，尽量提高水位。稻田水质偏于酸性时对鱼类生长不利，特别是水稻收割后，稻根稻桩腐烂严重影响水质。因此要尽量少留稻桩，定时向田池施用生石灰，调节水质到微碱性。

4. 鱼病防治　应以预防为主，防治结合。一是稻田消毒。放鱼前，应进行药物消毒，常用的有生石灰、漂白粉。每 667 平方米使用 25～40 千克生石灰，不仅能杀死对养殖鱼类有害的病菌和凶猛的鱼类及蚂蝗、青泥苔等有害的生物，还能中和酸性，改良土质，对稻色都有好处。石灰处理后 7 天左右可放入鱼苗。每 667 平方米用含有效氯 30％的漂白粉 3 千克，加水溶解后泼洒全田，随即耙田，隔 1～2 天注入清水，3～5 天后放入鱼苗。二是鱼种消毒。鱼苗在放养前，要进行药物消毒。常用药物有 3％的食盐水，8 毫克/千克浓度的硫酸铜溶液，10 毫克/千克的漂白粉溶液，20 毫克/千克的高锰酸钾溶液等。漂白粉与硫酸铜溶液混合使用，对大多数鱼体寄生虫和病菌有较好的杀灭效果。洗浴时间要根据温度、鱼种的数量而定，一般为 10～15 分钟，洗浴时一定要注意观看鱼的活动情况。

5. 安全度夏　为防止水温过高而影响鱼类正常生长，除了保持稻田一定水位外，最好在鱼凼上方用稻草搭一个凉棚遮阳；同时还可以在鱼凼内放养浮萍等水生植物，既可作为鱼类的饵料，又可起到遮阳避暑的作用。

三、水稻栽培与管理

1. 品种选择　与一般稻田相比，养鱼后稻田肥力较强，水稻可适当密植，尽可能不施用农药或少用农药。因此，水稻品种应选生育期较长、耐肥力强、叶片直立、茎秆坚硬粗壮、耐深水、抗倒伏、抗病虫害能力强、适应性强的紧穗型高产优质水稻品种，如江苏种植的武育粳 3 号、早丰 9 号、常优 1 号、86 优 8 号、华粳 3 号等品种较适宜于养鱼稻田的生长发育。

2. 水稻栽插　在确保水稻生长良好，单产不受影响或相应有所提高的基础上，兼顾养殖鱼类的生长需要，养鱼稻田宜采用宽行窄株长方形东西行密植的栽插方式，以改善田间小气候，稻丛行间透光好，光照强，日照时数多，二氧化碳和氧气交换及时，氧气能及时溶于水体表层，二氧化碳也能及时从水的表面释放于大气；湿度低，有利于减少病虫害的发生与危害，水稻栽插以行距 25～27 厘米，株距 8 厘米左右为宜。

3. 施肥技术　合理的稻田施肥，不仅可以满足水稻生长对肥料的需要，促使稻谷增产，而且能增加稻田水体中的饵料生物量，为鱼类生长提供饵料保障。肥料以基肥为主，追肥为辅，基肥要占全年施肥量的 70%～80%，追肥占 20%～30%，以有机肥为主，化肥为辅，一般有机肥作基肥一次施足。夏季，如稻田确需施肥，应坚持以施用有机肥为主，尽量少施或不施无机肥的原则，并做到少量多次。施肥前，应先将稻田中的水排到鱼沟、鱼凼内，让鱼类自由进入其中，再进行施肥。每 667 平方米稻田每次施肥为：粪肥 600～800 千克，尿素 5 千克，过磷酸钙 20 千克。施肥时，切勿将化肥直接施入鱼沟、鱼凼内，否则会引起中毒。

养鱼稻田应重视基肥的种类和数量，有机肥料必须充分腐熟后方可施入田中，未能充分腐熟的有机肥若直接施入田中，随着温度的逐渐升高，有机肥在微生物作用下逐步分解，在大量消耗水中溶氧的同时产生硫化氢、有机酸等有毒有害物，直接威胁稻田中放养鱼类的安全。一般每 667 平方米施粪肥 500～750 千克或绿肥 1000～1500 千克；以化肥做追肥时，施用量每 667 平方米控制在尿素 7～10 千克、磷酸钙 5～10 千克、氯化钾 5～7 千克，禁止使用氨水和碳酸氢铵，提倡施用生物肥料和复合肥料。追肥应采用深施或根外施，深施将化肥拌入黄土中（每 667 平方米稻田用黄土 300 千克左右）糅合成泥团，然后依次塞入穴间，根外施指叶面喷施肥料，以减少稻田水体肥分短时间内急剧增加，避免水体缺氧和水中生物群落暴长暴落的现象。施追肥时应保持较高的田水深度，一般以 5～7 厘米较为适宜，有利于缓解施肥对鱼类的不利影响。对面积较大的田块可以划片分施，即同一田块分成两部分间隔数次施肥。另外，在安全用量范围内施肥量应根据气候、水稻长势、田水及鱼沟、鱼凼深度等因素灵活掌握。施肥时应避免高温天气，并尽可能地使鱼集中到鱼沟、鱼凼中。

4. 管水技术　夏季，由于鱼类的摄食量增大，残饵、排泄物过多，加上鱼类的活动量大，鱼沟、鱼凼极易被堵塞，使沟、凼内的水位降低，影响鱼类的生长发育。因此，在夏季应每 3～4 天疏通 1 次，确保鱼沟宽 40 厘米、深 30 厘米、鱼凼深 60～80 厘米，实现沟沟相通、沟凼相通。稻田水位的深浅直接关系到鱼类生长速度的快慢，如水位过浅，易引起水温发生突变，可导致鱼类大批死亡。因此，稻田养鱼的水位要比一般稻田高出 10 厘米以上，并且每 2～3 天灌注新水 1 次，以保证水质的新鲜、爽活。从促使水稻生长，提高稻谷产量的技术要求出发，稻田应做到浅水勤灌、薄水分蘖、脱水扎根、搁田长壮。其中搁田（又称烤田、晒田）要求稻田土壤达到相当的干燥程度，做到田中不陷脚。常规水稻栽培要求间歇排灌，即在水稻生长发育的全过程中，除返青、施肥、施药及抽穗时维持一定水深外，其余时期保持土壤湿润，并使其温度有较明显的交替变化，构成"干湿交替，以湿为主"的稻田环境状态，显然，常规稻作技术所需求的稻田环境状态不利于鱼类的生存和正常生长。因此，养鱼稻田中鱼沟、鱼凼的布局、深度、面积等应达到规定的要求；同时，注意随时清理落入沟内中的田泥，使沟、凼畅通和保持原有的容水体积。此外，在符合稻作技术要求的前提下兼顾鱼类对田水深度的需求，合理调控水深也是十分重要的。养鱼稻田插秧时，一般采用找水栽插，返青阶段也宜保持较浅水位，水深 3 厘米左右较为适宜。随着秧苗渐长，可逐渐加深水位。水稻分蘖盛期前，为促使生根和分蘖，宜保持较浅水深，早、中稻田水深 3～5 厘米较为适宜；分蘖后期为控制无效分蘖可通过搁田或灌深水的手段，灌深水持续 7～10 天，水深 10 厘米左右；水稻拔节至抽穗期和出穗扬花至成熟期，田水可保持较深，以保证水稻生长需要；晚稻栽插后，气温高、湿度低，稻田水宜深些，一般可采取白天深灌，晚上排水的方法降低泥温。排水晒田时，应把分散在田角未能汇集到鱼沟、鱼凼中的鱼捞起移入鱼沟或鱼内中，避免缺水死鱼。从这点考虑，稻田中开挖鱼沟、鱼凼，浅灌、搁田时，鱼在其中栖息，是解决好这个矛盾的较好办法。浅灌、搁田期间要注意观察鱼情，发现鱼浮头，要立即向鱼沟、鱼凼内加注新水。

5. 病虫害综合防治　稻田养鱼后，水稻的病虫害明显减轻，一般不需要用药防治。如确需用药一定要使用对鱼危害很小的药剂，控制用药量，采用正确的用药方法。一般采用低毒农药；施药时，将稻田水加深至 20 厘米以上，在早晨露水还未干时对稻田成 45°角顺风喷药；喷完药后立即换新水，换水时要边排边灌，以防晒死鱼。为了确保鱼类安全，养鱼的稻田在施用各种农药防治虫害时，均应事先加深田水，稻田水层应保持在 6 厘米以上，如水层少于 2 厘米时，对鱼类的安全会带来威胁。病虫害发生季节往往气温较高，一般农药随着气温的升高而加速挥发，也加大了对鱼类的毒性。施药时应掌握适宜的时间，喷洒药液时，注意尽量喷在水稻茎叶上，减少农药落入水中，这样对鱼种更为安全。粉剂宜在早晨稻株带露水时撒，水剂宜在晴天露水干后喷，下雨前不要施药。喷雾时，喷雾器喷嘴应伸到叶下，由下向上喷。不提倡拌土撒施的办法。使用毒性较大的农药，可采取一面喷药，一面换水；或先将田水放干，驱使鱼类进入鱼沟内。为了防止施药期间沟内鱼类密度过大，造成水质恶化缺氧，应每隔 3～5 天向鱼沟内冲一次新水，等鱼沟内药力消失后，再向稻田里灌注新水，让鱼类游回田中。

第八章 水稻病虫草害防治技术

第一节 水稻主要病害及其防治

水稻病害是影响水稻产量的一个重要部分。吉林省的水稻病害主要有苗期的水稻立枯病、水稻恶苗病、水稻绵腐病；本田的水稻稻瘟病、水稻纹枯病、水稻稻曲病、水稻胡麻斑病、水稻细菌性褐斑病、水稻赤枯病等。

一、水稻立枯病

立枯病是水稻苗期最主要的病害，从出苗到插秧的整个育秧阶段均可发生。尤其是盐碱地旱育苗更易发生立枯病，一旦发生，危害极大，轻者成撮或成片发生，重者稻苗全部死亡，对水稻生产危害极大。

(一)症状及发病时期

立枯病按发病症状可分4种，即幼芽腐死、立针基腐、卷叶黄枯和打绺青枯。

1. 幼芽腐死　幼苗刚出土或不出土就腐死。芽和根变褐色，扭曲和腐烂。有时种子和芽的基部有茸毛状白色或粉红色、橙色霉层。

2. 立针基腐　多发生于立针到3叶期，2叶1心时也少有发生。幼苗中心叶开始枯黄，如果温差大，呈现灰绿带黄颜色，根群多数变成黄褐色。潮湿情况下，茎基部软化，用手提苗，苗与种子脱离。干燥情况下种子与茎基部形成褐斑，并有真菌霉层。开始在床面上成撮发生，以后逐渐扩大成片。

3. 卷叶黄枯　多发生在3叶期前后。清晨揭膜，病苗叶尖无露珠，并逐渐萎蔫枯黄，心叶少绿，茎基部开始腐烂，根暗白色，根毛很少，有的无根毛。用手提苗连根拔起，以后茎基部变褐，并开始软化，拔苗时心叶与茎脱离。开始在床面上成撮发生，以后蔓延成片。

4. 打绺青枯　也多发生在 3 叶期前后。开始稻苗叶尖不吐水，以后成撮成片青枯，心叶或上部叶片卷成针状，略呈青灰色。茎基部和根部症状同卷叶黄枯。开始病苗多发生在苗床的中部，青枯病的病势发展很快，严重时全床发病。一般在同一床内，通常既有青枯也有黄枯。

(二)病原菌与浸染循环

水稻立枯病病原菌种类很多，广泛存在于土壤中，但主要病原菌有：镰刀菌、丝核菌和腐霉菌。

镰刀菌以菌丝和厚垣孢子在寄主残体及土壤中越冬，在适宜条件下产生孢子，借气流传播浸染。

丝核菌以菌丝和菌核在寄主残体及土壤中越冬，借菌丝在幼苗株间进行短距离接触传播，扩大为害。

腐霉菌以菌丝和卵孢子在土壤中越冬，条件适宜形成流动孢子囊，再萌发产生游动孢子，借水流传播浸染秧苗。

(三)发病条件

(1)低温多湿，土壤含水量高，土壤中缺氧，根系发育不良，秧苗生长弱，抵抗力低，易感立枯病。一般土壤含水量低于 50%，秧苗生长健壮，根系发育好，可以抗立枯病的发生。

(2)温差大易得病，床土昼夜温差大，造成稻苗基部徒长，根系发育不良，稻苗 2.5 叶期如遇持续低温，寒潮过后 1～2 天，青枯、黄枯就要开始大发生。

(3)土壤消毒不彻底或碱性土壤易发病。施碱性肥料，如尿素、硝铵均能诱发立枯病，应提倡施酸性肥料，如硫铵、过石等。土壤用药剂消毒后将 pH 值调到 4.5～5.5，稻苗不易得立枯病。

(4)播种时芽过长或播种量过大，稻苗生长细弱，抗性差。

(5)秧田位置不当，光照不足，置床不平，地势低洼，盐碱重。

(6)施用未腐熟好的有机肥，氮肥过多，稻苗徒长等均可诱发立枯病。

（四）防治技术

(1)选择地势平坦、通风、光照良好的地方育苗。盐碱地育苗应增设隔离层，如沙子、碎稻草、炉灰、花生壳、有孔塑料等，洼地要深沟高床。

(2)做好床土和置床调酸、消毒工作，用硫酸或营养酸化药土把床土 pH 值调至 4.5～5.5，播种时用杀菌剂进行消毒。

(3)早期炼苗，适时通风揭膜，控制温度和水分，使稻苗不徒长。一叶一心期，棚内温度保持在 25℃～30℃，每天浇 1 次水；2 叶期温度不超过 25℃，每天浇 2 次水。

(4)药剂防治　目前生产上防治立枯病的药剂很多，如枯必净(特效抗枯灵)、立枯净、立枯一次净、黄秧克星、移栽灵、灭枯灵等。一般在稻苗一叶一心时浇一次上述药剂就可防除立枯病的发生。一旦发生了立枯病，可以用枯必净、移栽灵等药剂对水浇在发病处，就能控制立枯病的发展，初发病的秧苗用药后 3～5 天就可发出新根、新叶。

二、水稻恶苗病

恶苗病俗称公稻子，水稻从苗期到穗期都会发生，发病率一般可达 5％～50％，影响育苗成苗率和水稻产量。

（一）症状及发病时期

1. 芽期　种子受害后严重的不出芽，即使发芽，几天后也逐渐枯死。

2. 秧田期　受害株 2～4 叶以后表现出症状。植株叶黄绿细长，比正常苗高出 1/3 以上，茎呈圆形，根系发育不良，移栽到本田后多半枯死。

3. 本田期　从分蘖开始显现症状。病株高而纤细，叶片淡黄绿色，节间加长，在茎基部节上长有倒生的不定须根，基部多有粉红色的霉层，分蘖极少或不分蘖。以后茎秆逐渐腐烂，根部变黑，到孕穗期多数枯死，少数病株能抽出白穗，结粒多半为秕粒。秋后病株茎和稻粒呈灰白色，粒内外颖合缝线上产生淡红色霉层。

(二)病原菌与浸染循环

恶苗病病原菌为藤仓赤霉菌。

恶苗病菌主要以分生孢子在水稻种子表面和菌丝在种子内越冬。病菌随种子发芽侵入幼苗，在水稻体内繁殖，并浸染邻近幼苗引起发病；本田病稻草上的分生孢子随气流传播，传到花和粒上，病菌随种子越冬。

(三)发病条件

1. 恶苗病　主要是由种子带菌传播，带菌的种子不仅本身发病，而且在浸种、催芽、幼苗生长过程中可使健康种子和幼苗受到浸染。因此，种子不消毒或消毒不彻底极易发病。

2. 温度　低温不易发病，一般在 20℃以下就少见或不出现病状，在 32℃～35℃时出现最多。

3. 施氮肥过多　施氮肥过多或田间病株残体未清理干净易得病。

(四)防治技术

1. 选抗病品种　吉粳 88、吉粳 83、超产 1 号、玉丰、农大 3 等比较抗病，要在无病田选留种子。

2. 种子消毒

(1)用 30％恶苗净(多效灵)可湿性粉剂，常温浸种 5～7 天，防恶苗病效果非常好，而且苗壮，根系发达，分蘖多。每 100 克药可对水 50 千克，浸 40 千克稻种。

(2)用 45％901 可湿性粉剂，对水 500 倍液，常温下浸种 5～7 天，每 50 千克药液可浸种 40 千克稻种。

三、水稻绵腐病

水稻绵腐病是由于低温、盐碱等不良条件下导致的，在盐碱地区水直播田中发病较严重，可造成稻种大批损坏，幼苗死亡。

（一）症状及发病时期

在播种后 5～7 天就有发生，主要危害幼根和幼芽。最初在稻谷颖壳处或幼芽茎基部出现乳白色胶状物，逐渐向四周长出白色棉絮状菌丝，后常因氧化铁沉淀或藻类、泥土黏附而呈铁锈色、绿褐色或泥土色。受浸稻种内部腐烂，不能萌发。

（二）病原菌及浸染循环

绵腐病病原菌有多种，最常见的有绵霉菌，其次是腐霉菌。

绵霉菌和腐霉菌寄生性较弱，主要在土壤中营腐生活，还普遍存在于污水中；主要以菌丝、卵孢子在土壤中越冬。条件适宜菌丝或卵孢子产生游动孢子囊，后萌发产生游动孢子，游动孢子借水流传播，浸染破损稻谷或弱芽，病苗又不断产生游动孢子进行再浸染。

（三）发病条件

1. 低温多湿　在低温多湿情况下，稻芽生长弱，生长受抑制，这时破损种子和幼芽极易受病菌浸染。

2. 盐碱重或腐殖质多的土壤　盐碱重或腐殖质多的土壤也易浸染绵腐病。

（四）防治技术

1. 精选种子　避免破损种子和糙米下地。

2. 适时播种　提高整地质量，避免冷水、污水灌溉。发生绵腐病要适时晒田。

3. 进行土壤调酸和种子、土壤消毒　将土壤 pH 值调到 5 左右可减轻病情发生。稻种用恶苗净浸种，用福美双和甲霜田等拌种。土壤消毒：用 1000 倍硫酸铜溶液或用 5000 倍液甲霜灵进行喷雾。

四、水稻稻瘟病

稻瘟病是盐碱地区水稻重要病害之一。流行年份一般可减产

10%～20%，重的可达 40%～50%。根据不同发病时期和不同部位可分为：苗瘟、叶瘟、节瘟、穗茎瘟、粒瘟。

（一）症状及发病时期

1. 苗瘟　一般年份很少发生，个别年份在保温育苗条件下则有发生。苗瘟一般在 3 叶期前后发生，不形成明显病斑，茎基部灰褐色，中部叶片变褐色卷缩枯死。空气潮湿时，病部可产生大量灰色霉层。

2. 叶瘟　在插秧后和成株叶片上均可发生，分蘗盛期发病最重。病斑有 4 种类型：

（1）急性型　在低温多湿条件下，感病品种叶片常产生暗绿色、水渍状近圆形病斑，正反面都生有大量灰色霉层。急性形病斑的出现是稻瘟病流行的预兆。

（2）慢性型　病斑梭形，两端有向叶脉延伸的褐色坏死线。病斑中央灰白色，边缘褐色，外围常有淡黄色晕圈，背面生有灰色霉层。病斑多时互相连接形成不规则大斑，严重时叶片枯死。

（3）白点型　多在感病品种嫩叶上出现近圆形白色小点，条件适宜可转变为急性型病斑。

（4）褐点型　在抗病品种的老叶上，仅产生针头大小褐点，局限于 2 叶脉间，条件不适宜发病的可转化为慢性型病斑。

3. 节瘟　多在抽穗后在剑叶下第 1 节、第 2 节上发生，最初在节上产生褐色小点，后逐渐围绕节部扩展，最后整个节变成褐色或黑色，造成茎秆节部弯曲或折断。

4. 穗颈瘟　抽穗时期最易感病。在穗颈或枝梗上初生褐色小点，后形成黑褐色不定型病斑，得病后易变黑枯死或折断，严重时全穗变白不结实。

5. 粒瘟　在谷壳和护颖上发生。发生早的病斑呈椭圆形，中部灰白色，以后使整个粒变成暗灰色秕谷；发病迟的常形成不规则黑褐色斑点。

（二）病原菌及浸染循环

病原菌为稻瘟病，病菌形成菌丝、分生孢子、分生孢子梗、附着孢。

病菌以分生孢子或菌丝在病稻草、病稻谷上越冬，是下年病害初次浸染的主要来源。当气温上升到15℃以上，湿度合适时，病稻草上就不断产生分生孢子，孢子通过风和雨水落到稻叶上引起发病。近几年随着病原菌生理小种发生变化，其穗茎瘟和枝梗瘟发生较重，而且比较普遍。

（三）发病条件

1. 气候条件　气温低、雨水多、湿度大、日照少、天气时晴时雨、雾多露大，有利于稻瘟病大发生。气温在27℃～28℃。田间湿度在90％以上时最适合病孢子萌发，而且扩展极快。20℃以下和32℃以上，孢子基本停止萌发。阴雨连绵、雾大天气病孢子繁殖最快，病菌孢子产生的高峰一般在适宜范围内遇降雨或持续高湿情况下出现。如果日平均温度为24℃～28℃，且有1昼夜以上的饱和湿度，稻瘟病就容易流行。

2. 栽培条件

（1）插秧过晚，密度大，田间光照不足，通风不良，有利病孢子扩散和发展。

（2）施氮肥过多、过晚使田间生长旺盛，贪青晚熟，使无效分蘖增多，抽穗不整齐，助长了病害的发展和蔓延。同时氮肥过量，植株体内碳氮比（C/N）降低，游离态氮和酰胺态氮增加，给病孢子的生长提供了良好的营养源。

（3）品种抗性：水稻品种抗病性的强弱，对发病程度和损失关系很大，不同品种对稻瘟病的抗性有明显差异。同一品种在不同生育期其抗性不一样，一般在分蘖期和抽穗期易感病，拔节期较抗病。

（四）防治技术

1. 选用抗病品种　如吉粳83、超223、吉粳88等很多品种都比较抗病。

2. 加强栽培管理　培育壮苗，适时早播，合理密植，合理施肥，适时烤田，促使植株生长健壮，增强抗病能力。适时施氮肥，多施磷、钾肥。灌水要浅灌、勤灌，生育期间进行排盐洗碱2～3次。

3. 药剂防治　目前生产上防治稻瘟病的药剂很多，用如下几种效果更佳：

(1)富士1号　(稻瘟灵)40%乳油或可湿性粉剂。每公顷用药1500克，对水500倍液喷雾。

(2)三环唑　(比艳)20%可湿性粉剂或胶悬剂。每公顷用药1500克，对水喷雾。

(3)瘟曲克星　20%可湿性粉剂。每公顷1500～2250克，对水500倍液喷雾。同时还可防治水稻纹枯病、稻曲病。

(4)瘟克　20%可湿性粉剂。每公顷750～900克，对水800～1000倍液喷雾。

(5)灭稻瘟1号　13%可湿性粉剂，是一种兼有预防和治疗作用的复合剂。每公顷用药1500克，对水500倍液喷雾。

(6)克瘟散　40%乳油，一般发病时用700倍液喷雾，每公顷用药1125毫升。严重发病田用500倍液喷雾，每公顷用药1500毫升。同时对水稻纹枯病、胡麻斑病有一定兼治作用。

另外防稻瘟病的药剂还有：50%稻瘟酰(四氯基酰)可湿性粉剂、6%春雷霉素可湿性粉剂、40%瘟纹净可湿性粉剂、50%多菌灵(基骈咪唑44号)可湿性粉剂等对稻瘟病的防治效果均很好。

一般防治水稻稻瘟病应选择无雨、无风天气进行喷药，如药后3～5小时内下雨要补喷一次。防治时期在6月末7月初防治叶瘟，防治穗茎瘟在7月末8月初水稻打苞和出穗期进行。时间可根据田间病情灵活制定。

五、水稻纹枯病

纹枯病近几年在吉林省中西部盐碱地区发生较多而且也较

重，如梨树灌区纹枯病就比较重。得病稻田一般减产 5％～10％，重病田减产可达 20％～30％以上。

（一）症状及发病时期

纹枯病主要为害叶鞘及叶片，严重时也能为害茎秆和稻穗。一般在分蘖末期开始发病，拔节到抽穗为盛发期。叶鞘发病先在近水面处产生暗绿色水浸状小斑点，逐渐扩大成椭圆形，并相互汇合成云纹状大斑。干燥时病斑边缘褐色，中央淡褐色或灰绿色，最后变成灰白色。潮湿时呈水渍状，边缘暗绿色，中央灰绿色，扩展迅速。叶鞘常因组织破坏而造成叶片枯黄。叶片病斑与叶鞘相似，病重的叶片是水渍状污绿色，最后枯死。严重时剑叶叶鞘也能受浸染，轻者使剑叶提早枯黄，重者可导致植株不能正常抽穗或造成空秕粒。

（二）病原菌及浸染循环

病原菌的有性阶段为担子菌的薄膜革菌属，无性阶段为半知菌的丝核菌属。

纹枯病菌主要以菌核在土壤中越冬，也能以菌丝和菌核在稻草、田边杂草及其他寄主上越冬。春天灌水耙地后，菌核漂浮于水面，插秧后菌核附在稻丛近水面叶鞘上，在高温高湿的条件下，菌核萌发长出菌丝，菌丝在叶鞘上延伸并进入叶鞘内，先形成附着孢，从叶鞘内侧表皮的气孔或直接穿透表皮侵入。发病后病斑上的气生菌丝和菌核可进行重复浸染。

（三）发病条件

1. 气候条件　高温、高湿环境下发病重，田间小气候在 28℃～30℃，湿度 90％以上有利于病菌的发生，遇连续阴雨天病势发展也特别快。

2. 栽培条件　过多或过迟追施氮肥，水稻嫩绿徒长，插秧过密，灌水太深，株间湿度大，通风透光不良，有利于病菌繁殖生长和蔓延。

3. 菌原基数　田间越冬菌核残留量多，如病稻草、根茬、杂草等。头年纹枯病发生重的地块，次年发病就重。

4.品种差异　一般早熟品种和分蘖多的品种发病较重。

（四）防病技术

纹枯病主要发生在近水面茎叶处，药剂防治较困难，所以要以农业措施为主，改善水稻生态环境条件，减少浸染来源，控制危害。

1.消灭菌源　实行稻田秋翻深翻，把田间病草清除烧掉，灌水整地后，捞去浮渣，铲除田边杂草，消灭病菌的野生寄主。

2.加强栽培管理　实行合理密植，施足有机肥，增施磷、钾肥，根据水稻生育情况，适量追施氮肥和排水晒田，控制植株徒长。

3.药剂防治　应根据病害程度施药，在7月10日前后进行防治，如果病情较重，半月后再施1次药。

（1）用20％瘟曲克星可湿性粉剂，在7月10日左右结合施穗肥，将药拌入肥中撒施，既省工、省力，防治效果还很好，也可对400～500倍水进行喷雾。每公顷用量1500克，同时还可防稻瘟病。

（2）用40％瘟纹净可湿性粉剂，拌穗肥在7月10日左右撒施，也可对400～500倍水进行喷雾，防病效果也很好，同时还可防治叶稻瘟病。每公顷用量1500克。

（3）2万单位井岗霉素每公顷3500～3750克，加水550～600千克喷雾。

（4）用20％稻脚青可湿性粉剂每公顷750克，对水500倍液喷雾。

（5）用5％田安每公顷3000克，对水200倍喷雾。

上述稻脚青和田安应在抽穗前10～15天施用，以免发生药害。

六、水稻稻曲病

水稻稻曲病在吉林省稻区均有发生，但进入20世纪90年代以来，随着水稻面积的不断扩大和生产发展，稻曲病的危害也逐年上升，因此应该引起重视。

（一）症状及发病时期

稻曲病又称青粉病，多在水稻抽穗、开花期感病。先在颖壳合缝处露出淡黄色小菌块，逐渐膨大，最后包裹全粒，病粒比健粒大 3～4 倍。墨绿色或橄榄色，表面平滑，内布满墨绿色粉末。稻曲病不仅毁坏病粒，而且还能消耗整个病穗的营养，致使其他子粒不饱满。随着病粒的增多，空秕率明显上升，千粒重下降。

（二）病原菌及浸染循环

病原菌属子囊菌拟黑粉属。

病菌以菌核落在土壤中及厚垣孢子附在种子上越冬，下年菌核萌发后产生的子囊孢子是病害最初浸染源。子囊孢子和厚垣孢子萌发产生的分生孢子借气流传播，侵害花器及幼颖或子粒颖壳口。

（三）发病条件

1. 气候　水稻打包抽穗期间高温、多雨、多湿的气候有利于病菌浸染。

2. 栽培管理　深水灌溉或受淹，偏施氮肥，追肥晚，生长过旺，倒伏等情况下发病重。

3. 药剂防治

（1）浸种　用 1% 硫酸铜，在 20℃ 条件下浸 1～2 小时。

（2）本田防治

①在孕穗期用 50%DT 杀菌剂，每公顷 1500～2000 克对水 500 千克喷雾。

②14% 络氨铜水剂，每公顷 5～6 千克，对水 750～800 千克喷雾。

以上两种药剂必须在孕穗期（破口前 7～10 天）进行叶面喷雾。

七、水稻胡麻斑病

水稻胡麻斑病是水稻病害中分布较广的一种病害，全国各稻区都有发生。一般土壤瘠薄，缺肥导致水稻生长不良时发病较重，盐碱地区近几年也有发生。

（一）症状及发病时期

胡麻斑病又名胡麻叶枯病。从出苗到收获期都可发病，以叶片发病最为普遍，也可发生在穗茎、枝梗、谷粒处。

叶片发病，先发生褐色小点，以后发展成椭圆形病斑，大小如芝麻粒，有深浅不同的同心纹，病斑中部褐色或灰白色。叶鞘上病斑与叶片相似。

（二）病原菌与浸染循环

病原菌，属半知菌亚门、丛梗孢目、长蠕孢属；有性世代属子囊菌亚门、座束菌目、施孢腔菌属。

菌丝体或分生孢子在稻草和种子上越冬。种子上的菌丝可直接侵害幼苗。病稻草上的菌丝产生分生孢子，随风传播引起一次浸染，病部产生的分生孢子可进行再浸染。

（三）发病条件

1. 土壤肥料　土壤瘠薄，积水或缺水、缺肥时发病重，特别是缺钾肥发病重。

2. 品种　品种间抗病性有差异。同一品种苗期易感病，分蘖期抗病，分蘖末期和灌浆成熟期抗力较弱。

（四）防治技术

本病发生时期，浸染循环与稻瘟病相似，故防治措施与稻瘟病相同，应注意的是要合理施用氮、磷、钾肥，并做到排灌及时，以减轻病菌危害。

八、水稻细菌性褐斑病

细菌性褐斑病主要发生在东北地区，盐碱地区发病也较重，一般可减产 5%～10%。

（一）症状及发病时期

叶片在 7 月前后发病，病斑形状不规则，开始为红褐色水浸状小斑点，以后扩大成椭圆形深褐色，周围有黄色晕圈。叶鞘在孕穗期发病,主要在剑叶叶鞘上,开始褐色水浸状,以后汇集成云纹状条斑。

(二)病原菌及浸染循环

细菌随多种寄主残体越冬。春季先在野生杂草上发病,借风、雨、水流传播,引起水稻发病。病种子可引起幼苗发病,伤口是病原菌浸染发病的渠道。

(三)发病条件

1. 气候　低温、多雨易发病。

2. 管理　灌水过深或受水淹易发病。

3. 品种　矮秆品种比高秆品种易发病。

(四)防治技术

1. 消灭寄主　清除田间病稻草及田埂杂草。

2. 选用抗病品种　在无病田选留种子。

3. 药剂防治　用10%叶枯散或10%杀枯净可湿性粉剂对成500倍液喷雾;每公顷600~750千克喷雾。

九、水稻赤枯病

水稻赤枯病是一种生理性病害,吉林省近些年发生的水稻赤枯病多数是土壤缺锌或缺钾而引起的。

(一)症状及发病时期

1. 缺锌型赤枯　一般秧苗移栽后15~20天开始出现症状。先从新叶向外表现褪绿,逐渐变黄白。叶片中出现小而密集的褐色斑点,严重时可扩展到叶鞘和茎。下部老叶下披,易折断。重者叶片窄小,茎节缩短,叶鞘重叠,不分蘖,生长缓慢,根系老化,新根少。

2. 缺钾型赤枯　一般在水稻分蘖期开始发病。发病期表现植株矮化,叶色暗绿呈青铜色,分蘖后中下部叶片尖端出现褐斑点,组织坏死枯黄。老叶软下披,心叶挺直,茎易折断倒伏。重病株根系发育不良,呈褐色,有黑根甚至腐烂,叶片干枯。

（二）发病条件

（1）低洼冷凉、盐碱地及小井灌溉，土壤通气不良，土壤缺锌，易发生1型赤枯病；

（2）土壤冷浆、草碳土和草甸土易造成缺钾型（即2型）赤枯病。

（三）防治方法

1. 改良土壤　采用加沙、煤灰渣改善土壤通气条件。多施腐熟有机肥料。加强田间管理，浅水灌溉，适当晒田。

2. 缺锌土壤　结合施底肥，每公顷施硫酸锌25～30千克，移栽后若发现有赤枯现象，用0.2%～0.3%硫酸锌每公顷25千克进行叶面喷雾。

3. 缺钾土壤　用草木灰作底肥也可每公顷增施75～100千克硫酸钾或氯化钾。

第二节　水稻虫害及其防治

一、水稻潜叶蝇

潜叶蝇属双翅目，水蝇科。其又名：稻小潜叶蝇、稻苗眼水蝇、稻螳螂蝇等，是吉林省水稻苗期的主要害虫。

（一）形态特征

1. 成虫　灰黑色小蝇，体长2～3毫米；头暗灰色，复眼黑褐色，触角黑色，末端生有一根粗长的刚毛；足细长，黑褐色；胸背有6行毛，腹部心脏形。

2. 卵　长圆柱形，乳白色，表面光滑。

3. 幼虫　乳白色小蛆，圆筒形，前端尖，后端钝，尾端斜截断状，长4～5毫米。

4. 蛹　蛹初化时土黄色，羽化前黑褐色，长3毫米左右。

（二）为害时期及被害状

以幼虫潜入叶片内取食叶肉，仅留上下表皮，形成不规则形白色条斑，为害严重时整个叶片发白枯死，水分渗入后腐烂，造成秧苗成片枯萎死苗。

潜叶蝇在吉林省1年可发生4～5代，第1代幼虫大量发生在6月上旬，是为害的主要世代；7月至9月中旬转回沟渠边杂草上繁殖3～4代后越冬。

（三）防治技术

（1）清除田边、沟渠上的杂草，降低虫源；

（2）培育壮秧，提高抗虫能力，浅水灌溉，若发生危害严重的，应排水晒田，控制其危害；

（3）药剂防治：

①秧苗移栽头　一天用40%乐果乳油25毫升加20千克水（800倍液）喷在100平方米苗床上，应在秧田无露珠时喷雾。

②本田防治成虫　在5月末6月初成虫发生盛期，喷施2.5%敌百虫粉和1.5%乐果粉，按1：4混合，每公顷用量22.5～30千克。

③本田防治幼虫　在6月上旬卵孵化期，用40%乐果乳油每公顷1500毫升加水600～750千克喷雾；或用30%速可毙乳油加水稀释成2000～3000倍液喷雾。

二、水稻负泥虫

负泥虫属鞘翅目，叶甲科。其又名：巴巴虫，背粪虫、稻叶甲等。其主要发生在东北寒地稻区，是水稻主要害虫之一。

（一）形态特征

1. 成虫　成虫为小甲虫，体长5毫米；头小黑色，前胸背板黄褐色。翅蓝黑色，有金属光泽，故称金盖虫。足3对黄褐色。

2. 卵　长椭圆形，黄白色，孵化前变为墨绿色。

3. 幼虫　体半梨形，长4～5毫米，头小黑色，体黄白色。肛门在体背上，所排粪便堆积在背上，故称背粪虫。

4. 蛹　体椭圆形，鲜黄色，蛹化在稻叶上的白色蜡絮状椭圆形白茧内。

(二)为害时期及被害状

以成虫、幼虫舐食叶肉,残留表皮。成虫取食多形成白条痕,为害严重时使叶片纵裂。幼虫舐食上表皮和叶肉,形成大小不同的白斑。为害严重时稻苗一片枯白,影响水稻光合作用和生长发育,可使水稻减产10%~20%。

负泥虫在吉林省每年发生1代,6月中旬至7月上旬是幼虫为害盛期;8月中旬蛹化成成虫迁移到越冬场所。

(三)防治技术

1. 田间防治　清除田埂和河边杂草,减少寄主来源。

2. 人工防治　在田间幼虫多数像小米粒大小时,用笤帚扑打,扫除幼虫,使之掉进水中淹死,每天早上打扫1次,直至消灭为止。

3. 药剂防治　用30%速可毙乳油稀释成2000~4000倍喷雾。

三、水稻二化螟

二化螟属鳞翅目,螟蛾科。其又名:钻心虫、蛀心虫。近几年在吉林省发生比较重,严重年份,局部地方被害株率可达20%~40%。

(一)形态特征

1. 成虫　是一种小蛾子,体长10~15毫米;雌蛾前翅淡灰褐色,近长方形,外缘有7个小黑点,雄蛾颜色略深,翅中间有紫色斑点。

2. 卵　卵扁平,椭圆形,卵块鱼鳞状。

3. 幼虫　身体淡褐色,体背有5条黄褐色短纹,体长20~30毫米。

4. 蛹　圆筒形,棕褐色,背面有2个角质突起,有一对刺毛。

(二)为害时期及被害状

二化螟在吉林省1年发生1代。成虫产卵盛期在7月上旬,7月下旬是幼虫为害盛期,以老熟幼虫在稻茬、稻草及杂草中越冬。

二化螟以幼虫钻蛀稻茎秆内为害，在分蘖盛期造成枯鞘，孕穗期造成死孕穗，抽穗期造成白穗，成熟时造成虫伤株，增加秕粒，对产量影响很大。

(三)防治技术

1. 农业防治　秋季深翻，春季深水泡田，清除田边杂草和稻草、稻茬，消灭越冬虫源。

2. 生物防治

(1)在螟蛾盛期放赤眼蜂，每公顷 30 万头;

(2)用青虫菌和杀螟杆菌，每克含 100 亿个活孢子的菌粉加水 2000～3000 倍，再按用水量的 1/100 加洗衣粉，增加黏着力。如果加少量的敌敌畏、1605 等效果更好，并可兼治多种水稻害虫。每公顷用 600～700 千克菌液喷雾。

3. 药剂防治　应掌握用药最佳时期，以提高治虫效果。吉林省一般在 7 月 10 日后产卵盛期和孵化期施药最好。可用杀螟松、辛硫磷等进行喷雾或泼浇、撒毒土、喷粉等。喷雾用量每公顷750～1500 毫升，加水配成 1000～1500 倍，喷粉每公顷用 22.5～37.5 千克。

4. 物理防治　灯光诱杀和采卵、用黑光灯或卤素灯诱杀成虫，在成虫盛期采卵块。

四、稻纵卷叶螟

稻纵卷叶螟属鳞翅目，螟蛾科，又称稻纵卷叶虫、小青虫、包叶虫、刮叶虫、稻筒虫等。全国各地均有分布，吉林省近几年发生也较多，尤其是平原区比山区稻田较严重。

(一)形态特征

成虫是一种黄褐色小蛾子，有光泽，体长约 8 毫米，前翅中央有 3 条暗色横纹，中间一条较短，后翅有 2 条暗褐色横纹，里面一条较短，前后翅外缘部有暗灰色带纹。卵初产白色透明，孵化前变成黄褐色，散产于叶的正反面上。幼虫圆筒形，体长 15

毫米左右，黄褐色；头部和第 1 胸节背面为褐色，中后胸各有 8 个黑色毛片，排成 2 行，前排 6 个，后排 2 个。蛹长 7 毫米左右，圆筒形，黄褐色，末端尖鞘，有臀棘。多半在近水面 3 厘米处的稻纵或枯鞘内化蛹。

（二）为害时期及被害状

稻纵卷叶螟在吉林省不能越冬，每年发生的 2～3 代都是从南方迁飞而来的。第 1 代一般在 6 月中下旬迁飞来，发生量少，为害轻。第 2 代在 7～8 月份迁飞而来，在水稻孕穗期到剂穗期虫口密度增加，为害加重。如果月平均气温在 23℃～29℃，湿度大，多阴雨，更有利于卷叶螟的大发生。

稻纵卷叶螟以幼虫在水稻分蘖期至孕穗期为害嫩叶或剑叶，幼虫吐丝将稻叶纵卷成筒，在里面取食叶肉，残留表皮，使叶子出现白斑，影响光合作用。在大发生时，稻田成片枯白，造成严重减产。

（三）防治技术

1. 农业防治

(1)选用叶片厚，叶脉坚实的抗虫品种。

(2)进行科学肥水管理，防止前期徒长，后期贪青。

2. 药剂防治　要在幼虫发生盛期或蛾子出现高峰期后的 7～10 天进行施药，常用杀螟松等，每公顷用量 750～1500 毫升加水 500～600 千克喷雾。

3. 生物防治

(1)用杀螟杆菌或青虫菌每克含 100 亿活孢以上的菌粉配成 500～1000 倍的菌液喷雾，或每公顷用 3750 克菌粉加 225 千克细土拌匀撒施。在幼虫 1～2 龄施药效果最好。

(2)在蛾子出现盛期放赤眼蜂，3～4 天放 1 次，每次每公顷 22.5 万～30 万头。

五、稻摇蚊

稻摇蚊（Chironomussp），属双翅目，摇蚊科，别名红线虫、小红虫、泥虫子等，是为害盐碱地水稻秧苗的主要害虫之一。

（一）形态特征

成虫是一种大蚊子，体黄褐色，体长4～6厘米，卵椭圆形，黄白色。幼虫血红色，细长，12～18毫米。蛹血红至黑红或灰绿色，长10～15毫米，眼黑色，尾端有长毛。

（二）为害时期及被害状

稻摇蚊在吉林省一年至少发生4代，其中第1、2代幼虫对水稻为害最重，时间在5月中旬至6月上旬。

为害特点是：以幼虫取食水稻根部，影响水稻的正常发育，使叶色变黄，稻株矮小，叶茎细弱，严重时造成漂秧和死苗。

（三）防治技术

（1）及时排水晒田，排盐洗碱。

（2）有机肥最好施炕洞土、马粪等，化肥用酸性肥料，如过石、硫酸铵等。

（3）药剂防治：与潜叶蝇本田防治相同。另外可用硫酸铜（蓝矾）每公顷1500～3000克分别装入布袋中放在进水口处，溶化后随水流入稻田，既可治稻摇蚊，又可防治水稻青苔。施药时要在晴天上午，将田里的水排出，呈花搭水状态施药效果较好。

六、稻水蝇

稻水蝇，又名稻蝇蛆，是吉林省东西部水田区水稻苗期的主要害虫，近几年在吉林省西部盐碱稻区发生较重。

（一）形态特征

成虫灰黑色，头顶有金绿色光泽，足黄褐色，体长6毫米左右，卵极小，乳白色，椭圆形。老熟幼虫体长10毫米，土灰色，前端较尖，内藏有黑色口钩一对，尾端有一叉状吸管，4～11节腹面各有一对突出的伪足。蛹与幼虫相似，淡黄褐色，前端尖而扁，向背面翅翘起，第9节与第11节的尾足合成环形，用以固定在稻根或其他漂浮物上。

（二）为害时期及被害状

稻水蝇在吉林省1年发生3～4代，可世代重叠，但一代在分蘖盛期前后发生较重。

稻水蝇以幼虫为害，咬食或钩断水稻根系，导致漂秧或死苗，幼虫在根上化蛹，影响根系正常生长，使稻株短小瘦弱。它除危害水稻外，还取食杂草根系，并营腐生生活。

（三）防治技术

1. 农业防治

（1）疏通水渠，勤排勤灌。降低土壤和水的盐碱度，改变稻水蝇发生的环境。

（2）清除田边、沟边杂草、填平死水坑，消灭滋生场所。

（3）将田内漂秧及其他漂浮物捞出晒干烧掉，可消灭大量虫卵、幼虫和蛹。

2. 药剂防治　可参照"水稻潜叶蝇的本田防治"。

3. 用黑光灯诱杀成虫。

第三节　稻田主要杂草及其防治

1. 杂草概念　杂草，一般是指农田中非有意识栽培的植物。广义地说，杂草是指长错了地方的植物。从生态经济的角度出发，在一定的条件下，凡害大于益的植物都可以称为杂草，都应属于防治之列。从生态观点看，杂草是在人类干扰的环境下起源、进化而形成的，既不同于作物又不同于野生植物，它是对农业生产和人类活动均有着多种影响的植物。

2. 杂草的危害

（1）与作物争水、肥、光能，侵占地上和地下部空间，影响作物光合作用，干扰作物生长，降低粮食产量，影响产品质量。

（2）诱发和传播病虫害。

（3）增加农业生产费用。

（4）影响人畜健康。

（5）影响水利设施。

3. 稻田杂草种类 稻田杂草类型很多，目前吉林省总计共有49科，116属，约共计171种。其中分布范围广、发生密度大、危害程度严重的有10科17种：稗草、扁秆藨草、三棱藨草、牛毛毡、狼巴草、疣草、泽泻、野慈姑、眼子菜、鸭舌草、雨久花、陌上菜、浮萍、小茨藻、水绵，以上被列为吉林省水田的恶性杂草。

4. 水稻移栽田杂草的防除技术 根据各种水稻移栽田杂草的发生特点，对水稻移栽田杂草的化学防除策略是：狠抓前期，挑治中、后期。通常是在移栽前或移栽后的前（初）期采取毒土处理，以及在移栽后的中后期采取毒土处理或喷雾处理。前期（移栽前至移栽后10天），以防治稗草及1年生阔叶杂草和莎草科杂草为主；中后期（移栽后10～25天）则以防治扁秆藨草、眼子菜等多年生莎草科杂草和阔叶杂草为主。具体的施药方式可以分在移栽前、移栽后前期和移栽后中期3个时期进行。

在水稻本田施用除草剂，除要求必须撤干水层喷洒到茎叶上的几种除草剂外，其他都应在保水条件下施用，并且大部分药剂施药后需要在5～7天内不排水、不落干，缺水时应补灌至适当深度。

排草净、恶草灵、丁恶混剂和莎扑隆在移栽前施用最好，因为移栽前施用可利用拉板耢平将药剂施匀，并将附着于泥浆土的微粒下沉，形成较为严密的封闭层。但是施药时要保持水层，有利于药剂均匀扩散，一般在施药后24～48小时后插秧。水稻移栽前施用除草剂比移栽后施用效果好而且安全，多是在拉板耢平时，将已配制成的药土、药液或原液，就混浆水分别以撒施法、泼浇法或甩施法施到田里。撒施药土的用量为每667平方米20千克，泼浇药液的用量为每667平方米30升。

移栽后前（初）期封闭土表的处理方法，已被广泛应用。移栽后的前期是各种杂草种子的集中萌发期，此时用工容易获得显著效果。但这一时期又恰是水稻的返青阶段，因此使用除草剂的技术要求严格，防止产生药害。施药时期，一般在移栽后5～7天。此外，还应根据不同药剂的特点、不同地区的气候而适当提前或延后。药剂安全性好或施药时间气温较高、杂草发芽和水稻返青扎根较快时，可以提前施药；反之，则适当延后。施药方法，以药土撒施或药液泼浇为主，大部分除草剂还可以结合追肥掺拌化肥撒施。

水稻移栽后的中后期，如有稗草、扁秆藨草、三棱藨草及野慈姑、眼子菜、鸭舌草、矮慈姑等一些阔叶杂草发生，可于水稻分蘖盛期至末期施用除草剂进行防治。

5. 几种主要杂交稻防治技术

(1)稗草防除技术

①播种期 覆土后盖膜前，可任选下列配方之一(每667平方米用量)：一是60%丁草胺乳油100毫升加12%农思它乳油100毫升或25%农思它乳油50毫升，对40千克水喷雾；二是50%(对位)杀草丹乳油300～400毫升，对40千克水喷雾。

②苗期 下列配方任选其一(每667平方米用量)：一是20%敌稗乳油250～350毫升与96%禾大壮乳油150毫升混合，对40千克水喷雾；二是96%禾大壮乳油150毫升加48%苯达松100毫升，对40千克水，撤水层后喷洒，一天后复水。

(2)本田稗草的防除 根据本田稗草生物学特性及发生规律，采用如下防除措施：

a. 插前 下列配方任选其一(667平方米用量)。一是用50%排草净乳油75～150毫升加30千克细潮土拌匀或对水20千克，插前3天喷洒。二是用60%丁草胺5100毫升加25%农思它乳油25～50毫升加20千克细潮土拌匀或对水20千克，插前2天喷洒。

b. 插后 下列配方任选其一(每667平方米用量)。一是用

60%灭草特乳油 50～100 毫升加 12%农思它乳油 50～100 毫升或 25%农思它 25～50 毫升对 20 千克水或拌 20 千克细潮土，插后 3～7 天喷洒；二是 96%禾大壮乳油 150～250 毫升对 20 千克水或 20 千克细潮土，插后 5～10 天内泼、撒。三是 50%快杀稗可湿性粉剂 40 克，插后 7～10 天茎叶喷雾处理。

(3)牛毛毡防治技术　牛毛毡俗名：松毛蔺、猫毛草，属莎草科多年生沼生杂草，多生于稻田及周围湿地或河滩湿处，与异型莎草、细鳞扁莎等伴生，在水稻生长中后期为害水稻。牛毛毡个体虽小，但繁殖力强，蔓延速度极快，形成一层绿色地毯状，严重影响水稻生长。

化学防除措施：在水稻分蘖盛期(插秧后 15～20 天)选用下列方法之一处理。

①每 667 平方米用 48%苯达松水剂 100～200 毫升，加 20 千克水喷洒。喷药前撤干水层，喷药后 1 天复水。

②每 667 平方米用 70%二甲四氯钠盐 50～100 克，加水 20 千克喷洒。喷药前撤干水层，喷药后 1 天复水。

③每 667 平方米用 70%二甲四氯钠盐 50 克加 48%苯达松水剂 100 毫升，加 20 千克水喷洒。排干水层后施药，用药后 1 天复水。此法比单用苯达松成本低，比单用二甲氯安全。

(4)野慈姑防除技术　野慈姑主要在水稻分蘖盛期(插秧后 15～20 天)发生，可选用下列药剂之一进行防治，将下列药剂加水 20 千克或加细潮土 20 千克拌匀，施药前应撤干水层后喷药或撒药，施药后 1 天复水。

①每 667 平方米用欧特 10～12 克。

②每 667 平方米用 46%莎阔丹水剂 133～167 毫升(有效成分 61～77 克)，喷液量每 667 平方米 15～40 升，喷药前一天撤干田水，施药后 24 小时复水，保持水层 5 天。

③每 667 平方米用 48%苯达松水剂 100～200 毫升。

④每 667 平方米用 48%苯达松水剂 70～100 毫升或 70%二甲四氯钠盐 30～50 克。

⑤每 667 平方米用 50％捕草净粉剂 50～100 克或 25％西草净粉剂 100～200 克。

⑥每 667 平方米用 50％捕草净粉剂 30～70 克或 25％西草净粉剂 70～100 克加 96％禾大壮乳油 150 克。

⑦每 667 平方米用 78.4％禾田净乳油 150～300 毫升拌细沙或细潮土撒施。无禾田净可用 96％禾大壮乳油 50～80 克、二甲四氯钠盐 30～60 克、25％西草净 30～60 克混合后加细潮土拌匀撒施。

(5)扁秆藨草和藨草防除技术 根据扁秆藨草和藨草的发生特点分两种方法进行防除：

①插秧前防除 稻田春天整地每 667 平方米用 50％莎扑隆可湿性粉剂 200～300 克或 12％农思它乳油 100 毫升，毒土法施药，保持水层 5 天后插秧。

②插秧后防除 插秧后 7～9 天每 667 平方米用 30％威农可湿性粉剂 15 克毒土法施药，药后保持水层 5 天；插秧后 25 天用 30％威农可湿性粉剂 15 克毒土法二次施药。

水稻有效分蘖末期至穗分化期，28％欧特可湿性粉剂 10～12 克或 46％莎阔丹水剂 133～167 毫升(有效成分 61～77 克)，喷液量每 667 平方米 15～40 升，喷药前一天撒干田水，施药后 24 小时复水，保持水层 5 天。

(6)水绵防除技术 根据水绵发生特点采用以下措施：

①水稻移栽后 7～15 天用 10％太阳星水分散粒剂每 667 平方米 15 克或 26％米全可湿性粉剂 60 克毒土法施药，施药后保持水层 5 天。

②水稻移栽后 7～9 天用 96％晶体硫酸铜粉每 667 平方米 250 克对水均匀泼浇在田内，施药后保持水层 5 天。

③在水稻田水绵盛发期，用干燥的草木灰扬于水绵发生的叶片，撒后要求保水 5 天。

(7)眼子菜防除技术 水稻田眼子菜发生特点采用的具体防除措施有：

①水稻插秧前 5 天，每 667 平方米用 50％排草净乳油 100～

125 毫升或 10％农得时可湿性粉剂 30～40 克，对水后以摘掉喷头的喷雾器均匀喷洒于稻田水层中(3～5 厘米)，施药后保水 5 天。水稻插秧后每 667 平方米用 50％排草净乳油 75～100 毫升或 10％农得时可湿性粉剂 30～40 克用毒土法施药，保持水层 5 天。

②眼子菜在 5 叶期以前、叶片由红转绿时，用 25％西草净可湿性粉剂，以每 667 平方米 125 克毒土法施药，保持水层 3～5 厘米，注意水层不宜过深。